U0839113

围巾、帽子、披肩、裙子、提包、短袜、
连指手套、靠垫

色彩缤纷的
可爱手编小物

〔日〕了戒加寿子 著 王 慧 译

河南科学技术出版社
·郑州·

Colorful Hand Knitting

The lovely colors will make you happy!

颜色各异，俏丽可爱的毛线，

只要看一眼，都会有喜不自禁的感觉。

让我们一边感受颜色搭配的乐趣，一边编织可爱的饰品吧！

在编织的过程中，仿佛时间也会变得欢乐起来，

心灵也会因此而染上幸福的颜色。

Contents

Part 1

Part 2

How to make

Part 1

北风呼啸，雪花飘落，

街道暗淡，在这样的日子里，

带着这件多彩的饰物出门吧！

一件小小的饰物能让你的心情一下子就开朗起来，

接下来我们会介绍外出时的便利饰品，

比如围巾、帽子、提包等。

Granny bag

甜美玫瑰花朵祖母包

how to make → p.48

这款饰品最吸引眼球的便是绿色与白色相间的条纹。清爽的背景突出了花朵的甜美。

Mini Tote Bag

含羞草迷你托特包

how to make → p.50

这款包整体形状十分俏丽，
刚采摘的含羞草仿佛快要从
篮子里面溢出来，
采用了黄色和米色的柔和配色，
非常适合散步和午餐时携带。

24
12
NOUVELLE FLORE
NORD DE LA FRANCE
ET DE LA BELGIQUE
22
20

Knitting Needle Case

怀旧风玫瑰刺绣手拎包

how to make → p.52

将十字绣绣制的玫瑰花装饰在怀旧包上，运用钩针和毛线，将自己喜欢的饰物和元素点缀上去吧！

Skirt

玫瑰花片毛线裙

how to make → p.54

这是一款拥有甜美配色的毛线裙。
与衬裙和牛仔服一起搭配，
上身效果非常好。
钩织花片时，要一边改变钩针的型号，一边钩织相同的花片。

Mini Triangle Shawl

小花朵流苏三角形披肩

how to make → p.56

像小树枝一样纤细的流苏顶端，点缀着很多小花苞，
流苏在披肩边角摇曳，十分清新美丽。

Muffler

玛格丽特围巾

how to make → p.58

每钩织 2 行就换另色毛线钩织，
尽量使小花朵都能簇拥在一起。
围上这款围巾，
两端的花朵能将脸部衬托得更加动人。

Hat

带耳毛线帽

how to make → p.60

鲜艳的蓝色融入了吸睛的北欧风情，立体的花朵十分俏皮可爱。此外，彩色的边饰和毛绒球也是这款毛线帽的亮点。

Socks

怀旧风手织短袜

how to make → p.62

静静绽放的小花，
充满活力的红色，
处处透出怀旧风情的
手工编织短袜，
就连脚趾部分也绣有小花花样。

Babushka

多种花片组成的三角形头巾

how to make → p.64

颜色众多，形状各异的 9 种花朵
缝合在一起编织而成的头巾。
不仅可以作为头饰，
把它当作可拆卸的领子使用
也相当不错哦！

Pouch

迷你玫瑰化妆包

how to make → p.66

这款化妆包拥有暖色调的配色，钩织玫瑰花时，先钩织成带状，然后再连接在一起。化妆包的拉链头部位缝上了绿色的叶子，起到了画龙点睛之效。

IPIC
ité Extra Non chargée
CORDONNET HELVÉTIQUE
ra Non chargée

Basket Cover

七彩花片竹篮盖

how to make → p.68

这款七彩花片竹篮盖很适合用来遮挡小物件，
也可以用来作为野餐的午餐竹篮盖。
大家也可以根据竹篮子的大小来调整花片的数目。

Hairpin

向日葵、雏菊、玫瑰发卡

how to make → p.70

小小的花朵发夹，
可以别在刘海和发辫上，十分俏皮。
不论是送给成人还是小孩子，
这几款发卡都会让她们十分欣喜。

Bracelet & Necklace

花片手链和项链

how to make → p.73

星形花片添加到编织绳上，
小水滴形状的饰品
轻轻地挂着，
十分可爱。
这款饰品不仅可以作为手链，
也可以戴在脖子上作为项链。

Mitten

鲜花盛开的连指手套

how to make → p.74

这款手套集齐了 7 种不同颜色的花朵，如同花海一样华丽。逐个钩织花朵，再将其均衡地摆放缝合在一起。

Part 2

寒冷的冬季可以让人享受到

窗外飘雪的乐趣，

如果房间中配有一些手工编织的小饰物，

一定能够温暖到人的心里去。

靠垫、毛毯、毛茸室内鞋等饰品

都可以让人感受到室内装饰的乐趣。

即便是在寒冷的季节，

也能够让房间温暖华丽。

Cushion

蝴蝶结方形靠垫

how to make → p.78

这款靠垫就如同礼物盒一样，
绑着大蝴蝶结，
仿佛装饰着的礼品，
让人的心里扑通扑通地跳。

Cushion

小花片装饰的圆形靠垫

how to make → p.80

靠垫套的颜色是充满浪漫风情的甜美粉色。编织者可以用自己喜欢的毛线色，钩织各种小花片，再将自己喜欢的小花片缝在靠垫上。

Sofa Rug

色彩缤纷的流苏沙发毯

how to make → p.72

这款沙发毯集齐了各种富有活力的颜色，可随意变换不同颜色的毛线进行钩织。其亮点在于毛线的接头仿佛是五颜六色的流苏，很漂亮。

Blanket

丁草花园毛毯

how to make → p.82

这款毛毯的花朵采用了多彩的链式钩织方法，十分俏皮可爱。无论是作为挂毯还是作为床罩，都能够装点你的房间，带来华丽感。

Tea Cozy

绽放的玫瑰茶壶保温罩

how to make → p.84

这款茶壶保温罩仿佛从西方神话故事中走出来，迷人可爱。如果用这款玫瑰茶壶保温罩来招待客人的话，你的茶桌上也会一下子生机盎然！

Egg Cover

超炫的蛋杯保温套

how to make → p.86

这是一款用少量的毛线就能够钩织的保温套。
在每个保温套的顶部缝上彩色的毛绒球，就像糖果一样，看上去妙趣横生。

Room Shoes

罂粟花室内鞋

how to make → p90

令人过目难忘的红色、硕大的花朵，是一款非常可爱室内毛线鞋的亮点。它是在室内鞋专用的毛毡底部上进行钩织制作的。

Chair Charm

芍药花椅垫

how to make → p.88

这是一款像花束一样华丽的配饰。把它铺在自己喜欢的椅子上，或者是摆放到沙发上，都能够成为房间的装饰亮点。

How to Make

本书中所介绍的小饰物
是用各色毛线组合编织而成的。
对着琳琅满目、色彩缤纷的毛线，
在编织的这段时间内，
内心也会感到满足。
仔细观察编织图，
一针一针地感受手工编织的乐趣吧！

带有花饰的祖母包(p.06)

·材 料

毛线/RICHMORE系列线(粗) 嫩草色(33)90g、白色(2)75g

花朵和叶子 德国ANCHOR TAPPISERIE线(粗，刺绣毛线，1束约5g)红色(8202)、深深玫瑰色(8456)、天蓝色(8806)各10g，黄色(8094)、淡粉色(8256)、浅粉色(8392)、粉红色(8432)、深粉色(8452)、浅薄荷色(8912)、薄荷色(8934)、绿色(9118)各5g

材料/直径13cm的塑料提手1组

针/5/0号、4/0号钩针

编织密度

10cm×10cm面积内：长针条纹22.5针，10.5行

·编织方法

★取各色毛线1根，进行钩织。包的主体用5/0号钩针，包侧与包口侧为短针；花朵和叶子等用4/0号钩针钩织。

1 用长针条纹钩织包的主体，不要往返钩织，每一行都按照从右到左的方向进行钩织。每一行钩织完毕后在左边一侧剪线，在右边一侧换另色毛线进行钩织。

2 在包侧的短针第一行处做2针并1针减针，2～5行钩织55针。入口的短针从侧边各挑起3针，长针的每一行的端头挑取1针，总共挑起53针。在第2行时平均减10针，剩余的43针钩织12行。

3 包口处的短针可以包裹住提手，留出连接的位置空间。

4 钩织花朵、花蕊和叶子，并将它们缝合在提包的包口处。

(花朵) 3片

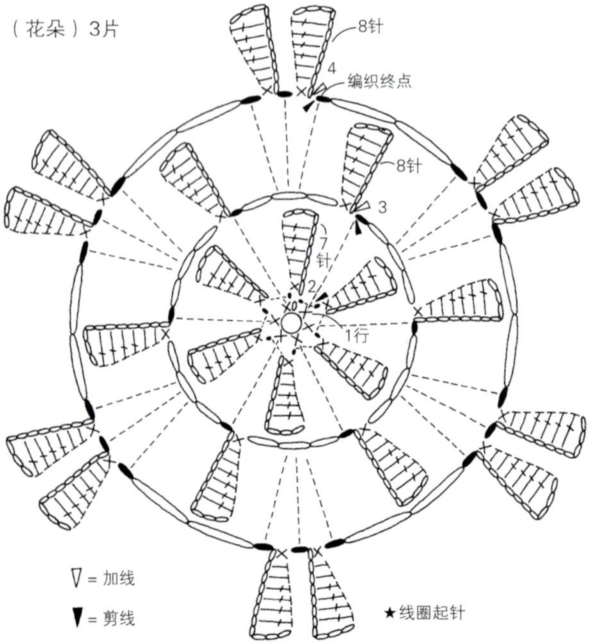

(花蕊) 黄色 3朵

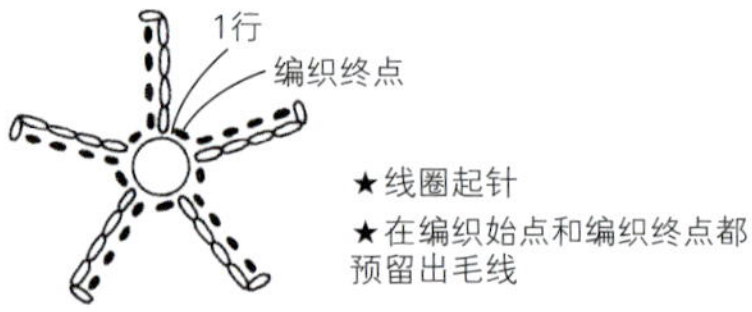

(叶子) 绿色 4片

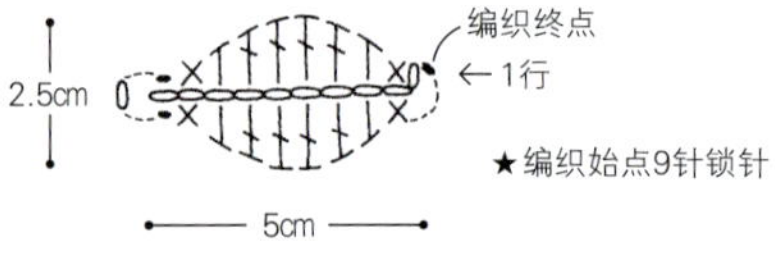

[花朵配色]

	1、2行	3行	4行
A	粉色	深粉色	深玫瑰色
B	浅薄荷色	薄荷色	天蓝色
C	浅粉色	淡粉色	红色

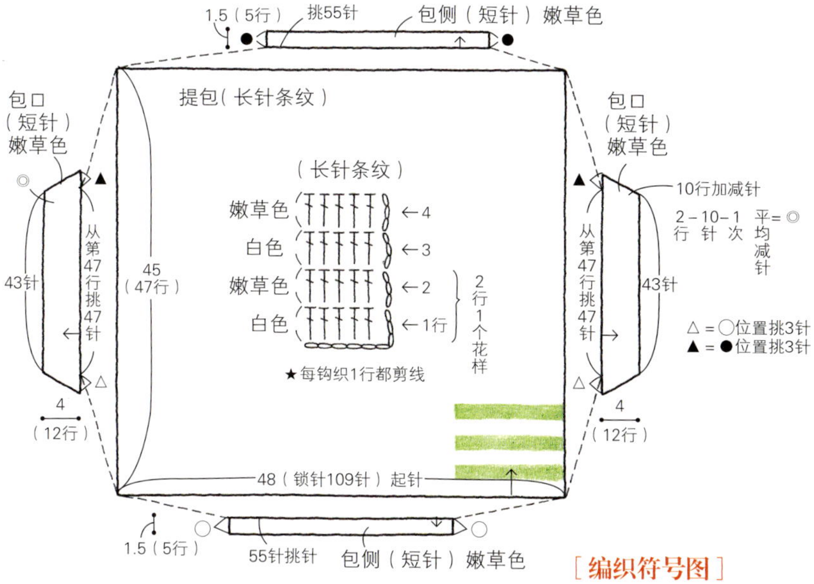

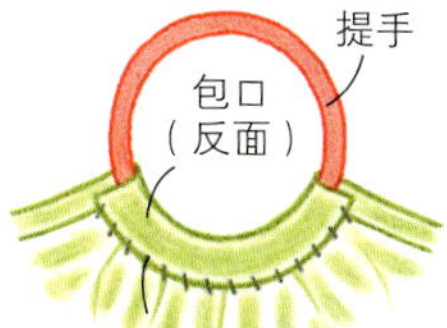

包口裹住提手，留出缝合的空间

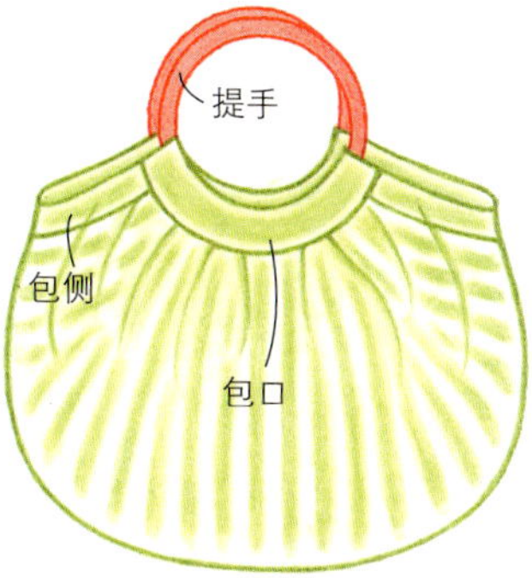

[编织符号图]

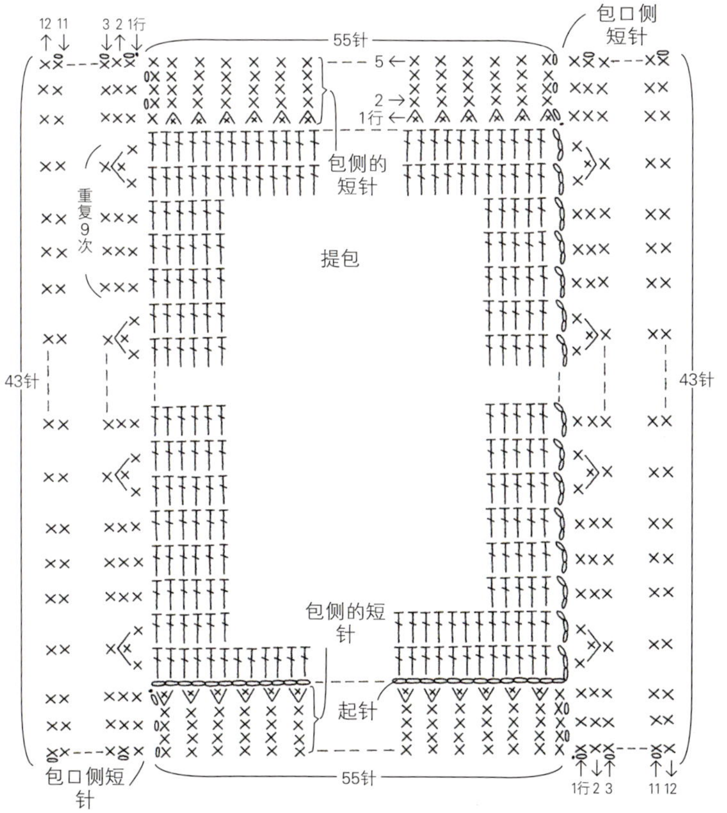

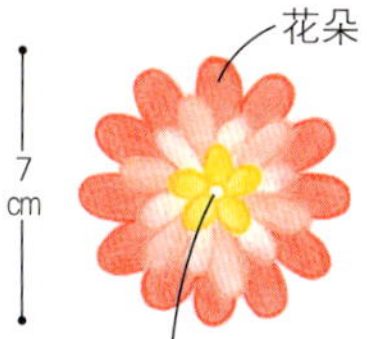

将花蕊放置在中间

[带有花饰的祖母包]

含羞草迷你托特包(p.08)

·材　料

毛线/包与提手 和麻纳卡（极细）米色(417)100g，（粗）浅茶色(120)60g，花朵 浅黄色(4)20g，叶子(中细) 苔绿色(13)10g

针/8/0号、4/0号、3/0号钩针

编织密度

10cm×10cm面积内：短针的条纹针为14针，13行

·编织方法

★包主体、提手分别用米色线和浅茶色线各1根，用8/0号钩针钩织；花朵用浅黄色线1根，4/0号钩针钩织；叶子用苔绿色线1根，用3/0号钩针钩织。

1 从包底部中间起针，环形钩织短针。包身一边加针，一边钩织短针的条纹针。包口钩织1行反短针后整理。

2 钩织2根提手。起针后第1行钩织短针，第2行加线，同向钩织短针的条纹针，然后用卷针缝固定在包口反面。

3 钩织花朵和大、中、小叶子，固定在包身一侧。先固定叶子，然后用相同颜色的毛线固定花朵。

（叶子）3/0号针

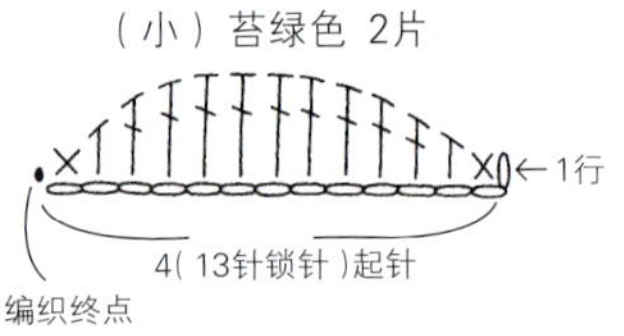

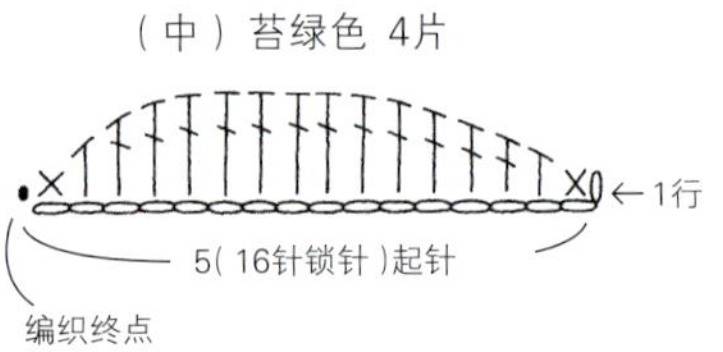

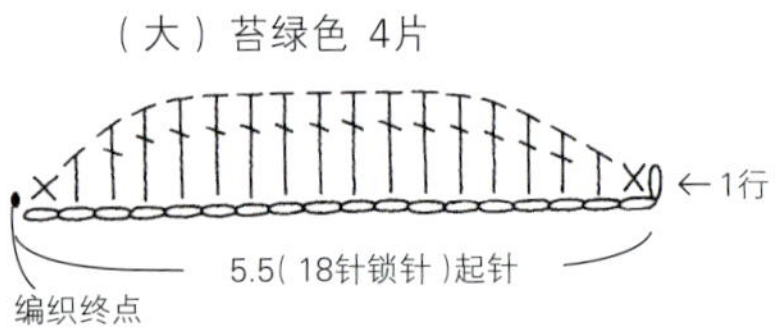

［托特包］

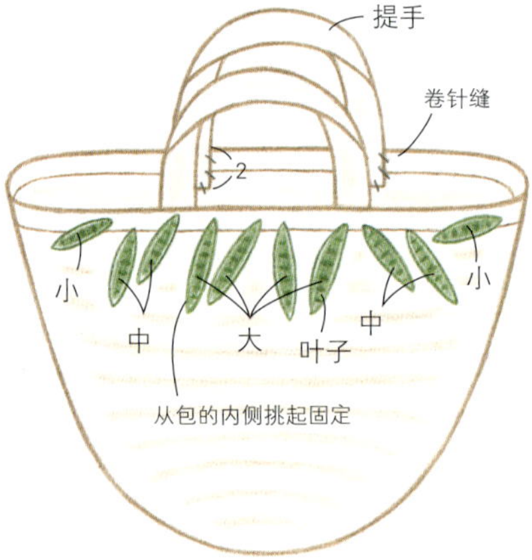

[编织符号图]

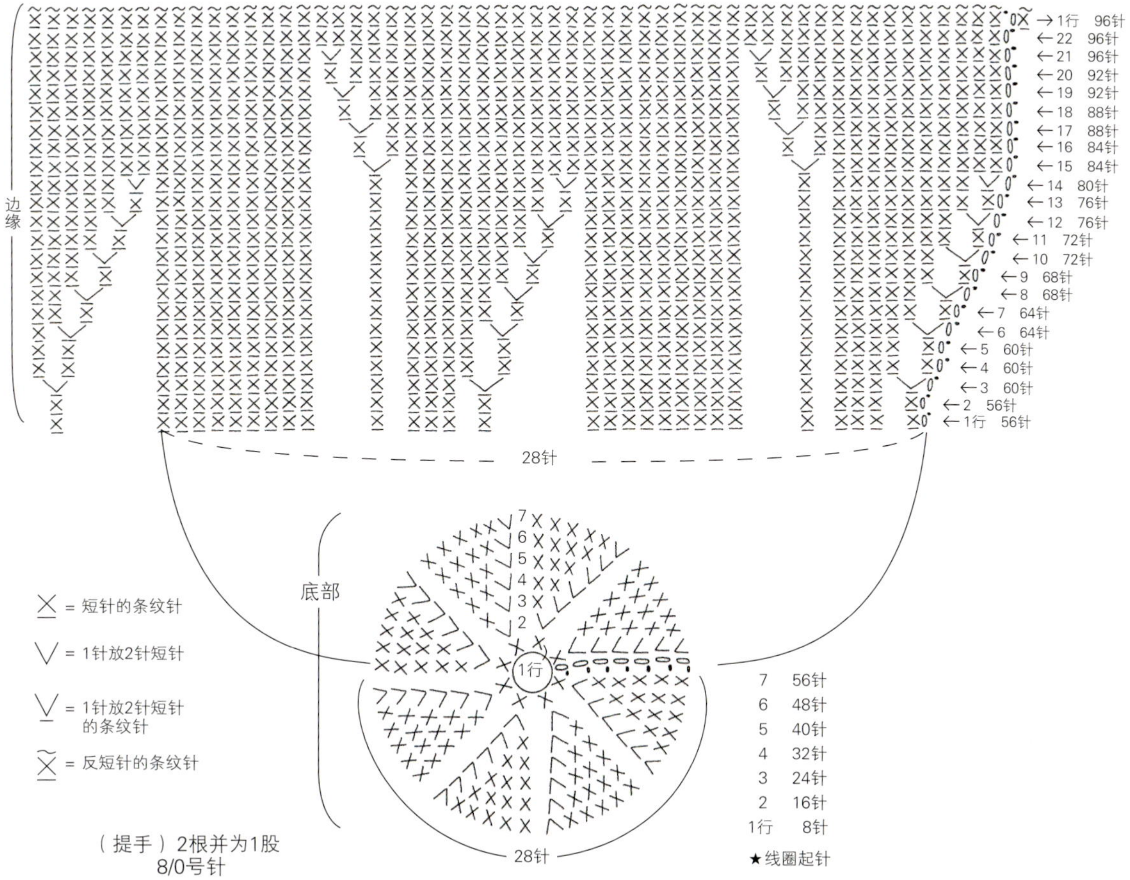

（提手）2根并为1股
8/0号针

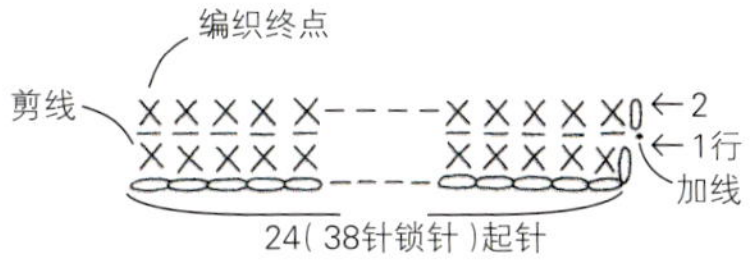

（主题）浅黄色 4/0号针

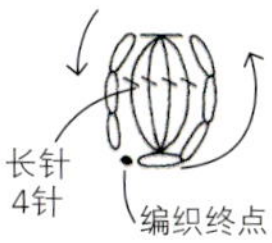

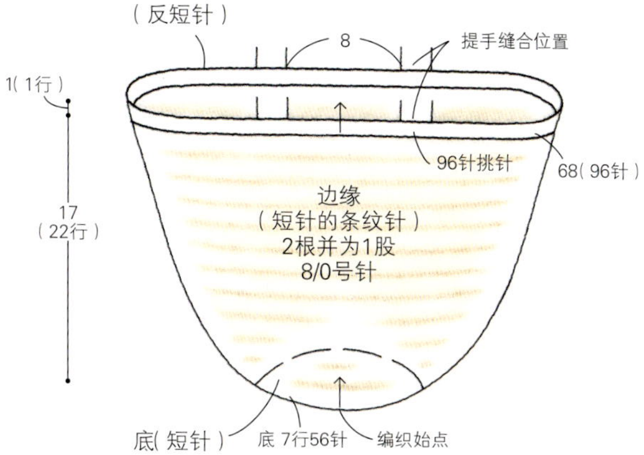

怀旧风玫瑰刺绣手拎包 (p.11)

・材　料

毛线/主体 RICHMORE100%线（细）蓝色（312）100g；
刺绣用线（1束约5g）白色（8006）、红色（8200）、淡粉色（8256）、深紫罗兰色（8454）、黄色（8094）、嫩草色（9116）、绿色（9118）各少许

其他材料：抽线十字布（32针/10cm）

针/5/0号钩针、绣针

编织密度

10cm×10cm面积内：短针钩织22针，23行

・编织方法

★取各色线1根，钩织主体用5/0号钩针，刺绣时使用绣针。

1 用蓝色线钩织短针，完成包主体、包侧、提手。
2 在其中一面主体上刺绣。用绗缝线固定抽线十字布，按照配色要求进行刺绣。抽线十字布的一格是十字绣的一针。
3 将包主体和包侧正面朝外，在相同标记处用珠针固定。看着主体，用短针钉接合。
4 包口处钩织反短针，缝上提手和罗纹绳。

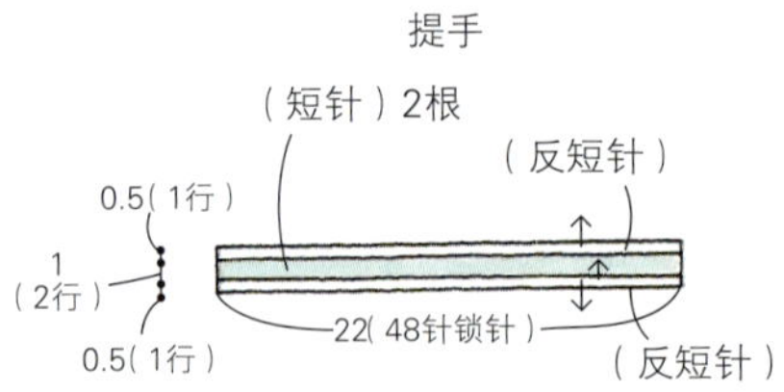

[编织符号图]

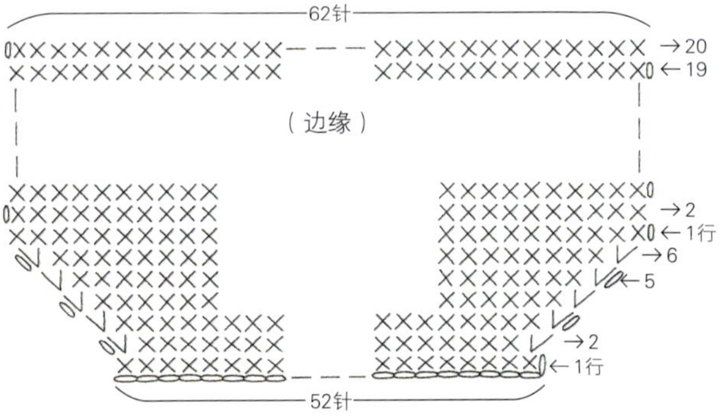

╲╱＝1针放2针短针

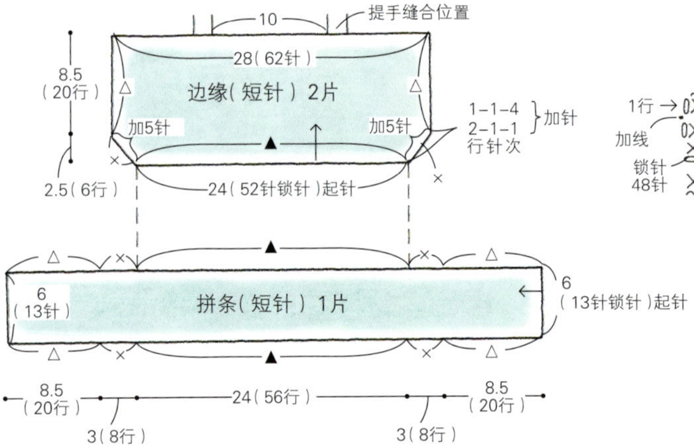

★将边缘与拼条缝合在一起。

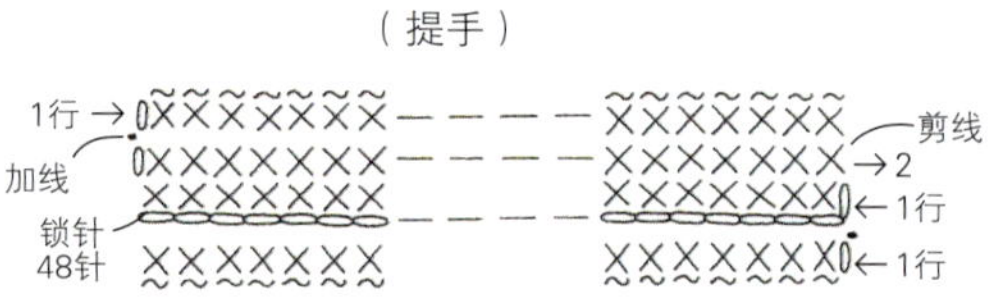

（十字绣图案）

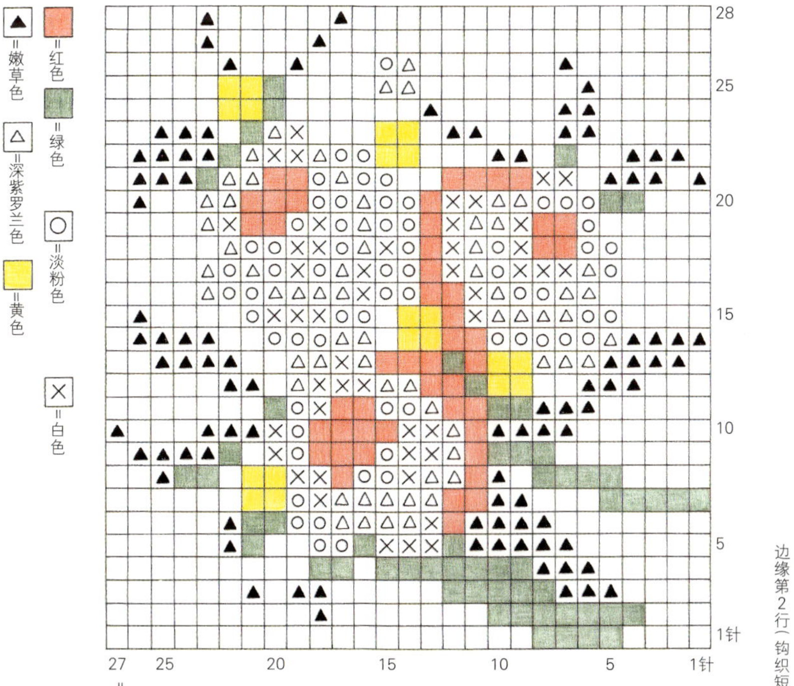

（罗纹绳）2根

[手拎包]

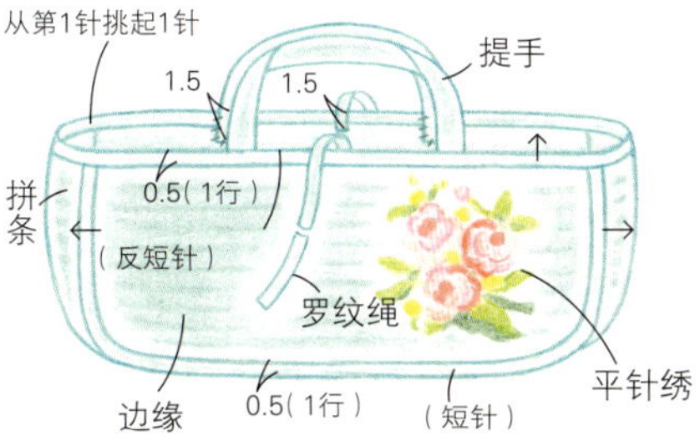

★把边缘与拼条接合在一起（从第1针挑起1针，从第1行挑起1针钩织短针）

[十字绣]

（1针1针入针刺绣）

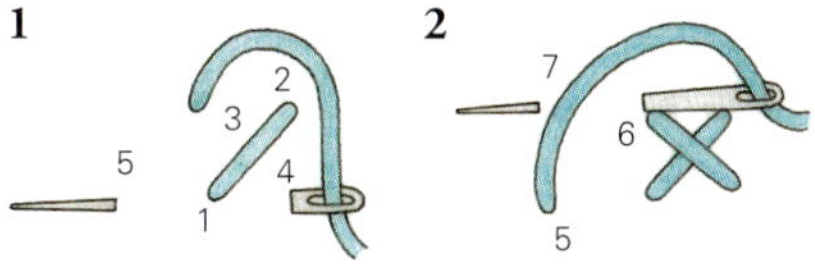

（连续入针刺绣）

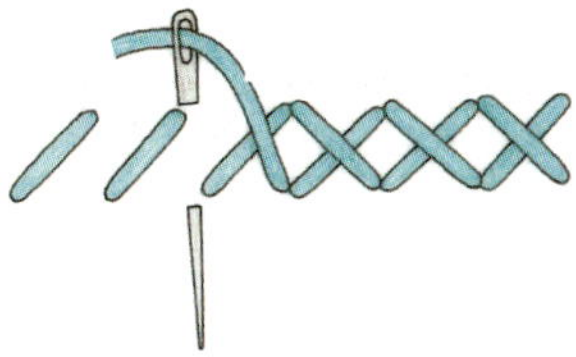

玫瑰花片毛线裙 (p.12)

· 材　料

毛线/RICHMORE100%毛线（粗）米色（105）260g，粉色（67）140g，薄荷色（35）90g

针/4/0号、5/0号、6/0号、7/0号钩针

编织密度

1个花片（4/0号钩针）边长为13.5cm

编织方法

★取毛线1根，花片的编织方法一样，编织者可改变钩针的型号来改变花片的大小。

1 参照图示配色钩织顺序，变换钩针的型号，各钩织8个花片。钩织1片花片。从第2片开始，钩织第12行5针锁针时，用引拔针一边将其固定在相邻花片上，一边环形连接在一起。

2 钩织32片花片，并将其连接缝合成裙状。用4/0号钩针从上行花片处做挑针，钩织短针做毛线裙的腰部，在第5行空出穿过罗纹绳的空隙。

3 裙子的下摆边缘钩织成环形。

4 锁针钩织罗纹绳，穿过腰部，如图所示，在罗纹绳的两端缝合线圈并收针。

［花片］

★钩织第12行时，在前一行花片的针与针之间钩织短针。

★第4、6行的中长针和长针中，钩织短针的反面做中长针，从反面挑起长针条纹的针目进行钩织。

★线圈起针。

12、11 米色
10 薄荷色
9 米色
8 薄荷色
7、6、5、4、3、2、1行 粉色

[裙腰]

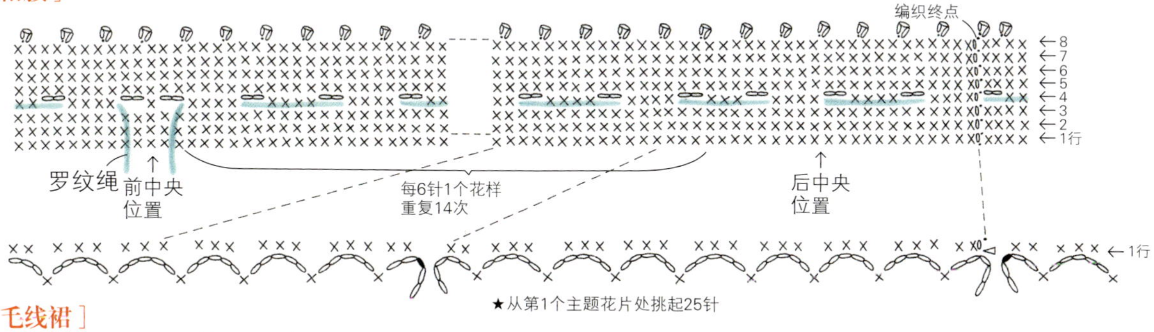
编织终点
←8
←7
←6
←5
←4
←3
←2
←1行
罗纹绳
前中央
位置
每6针1个花样
重复14次
后中央
位置
←1行
★从第1个主题花片处挑起25针

[毛线裙]

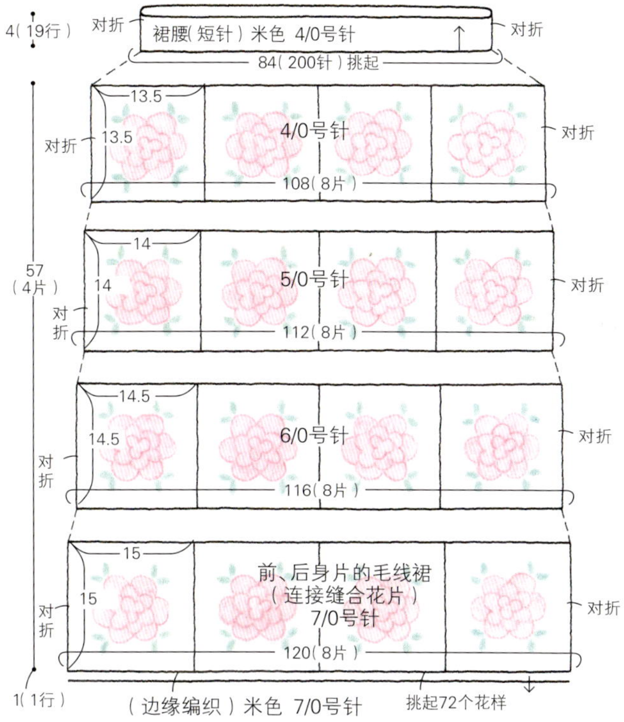
4(19行)
对折
裙腰(短针)米色 4/0号针
对折
84(200针)挑起
13.5
13.5
4/0号针
108(8片)
14
14
5/0号针
112(8片)
57
(4片)
14.5
14.5
6/0号针
116(8片)
15
15
前、后身片的毛线裙
(连接缝合花片)
7/0号针
120(8片)
1(1行)
(边缘编织)米色 7/0号针
挑起72个花样

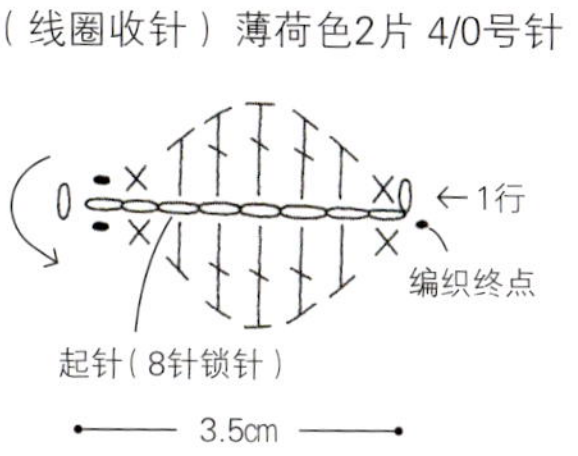
(线圈收针)薄荷色2片 4/0号针
←1行
编织终点
起针(8针锁针)
3.5cm

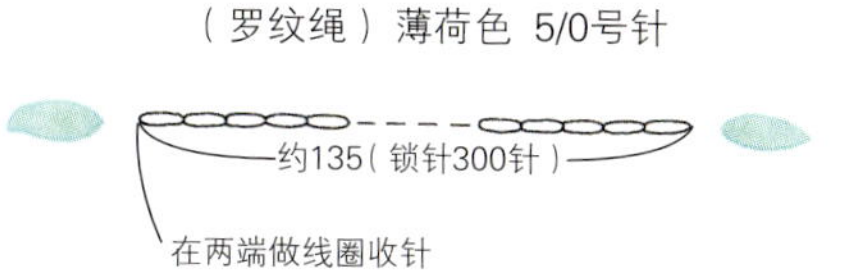
(罗纹绳)薄荷色 5/0号针
约135(锁针300针)
在两端做线圈收针

[边缘编织]

边缘编织
1行
添加边缘编织的毛线
编织终点

小花朵流苏三角形披肩 (p.15)

· 材　料

毛线/美丽诺毛线（中细） 红色（1005）、芥末色（1020）、绿色（1027）、卡其色（1028）、蓝色（1040）、粉色（1057）、紫罗兰色（1062）、米色（1067）、灰白色（1074）各少许

其他材料/白色亚麻布长90cm，宽75cm

针/2/0号钩针

编织密度

锁针编织23针，大约5.5cm长

· 编织方法

★取1根毛线用2/0号钩针钩织。

1 裁剪亚麻布料，将周围的缝份二折后机缝。

2 在缝好折边的三角披肩的两条斜边上，用小锥子等工具扎出小孔，孔内穿入毛线，钩织花朵流苏。三角披肩的顶角上钩织花朵流苏A，在左右两边的两个角钩织花朵流苏B、A和H、A，共钩织65个花朵流苏，如图示排序，流苏间的间隔大约为2cm。

3 钩织花朵，并将花朵缝合在花朵流苏上。

［披肩］

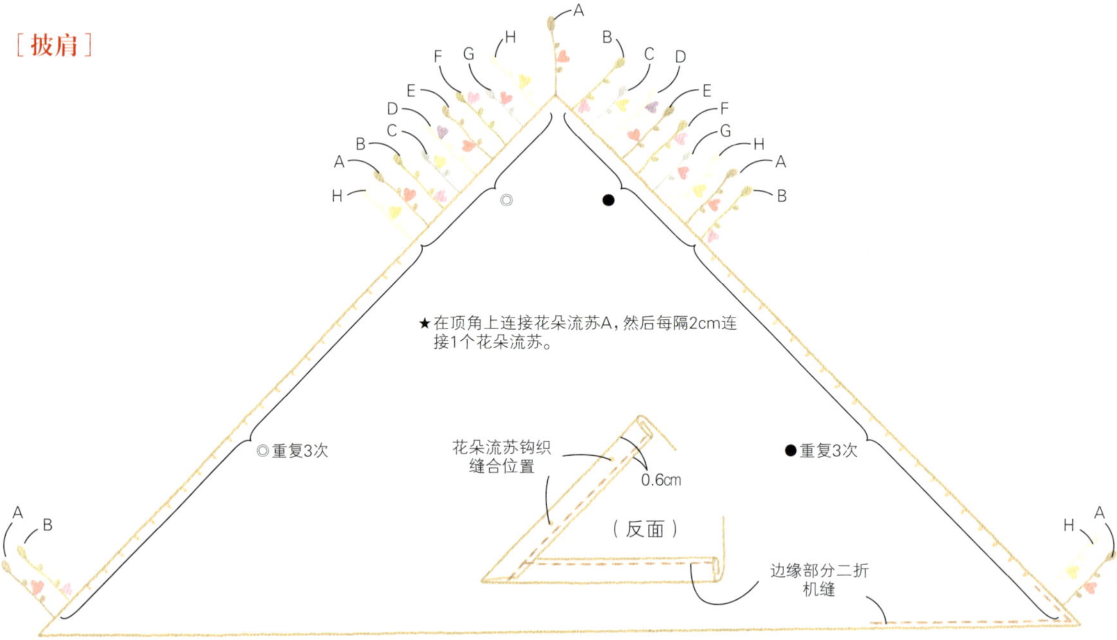

（小花朵流苏）

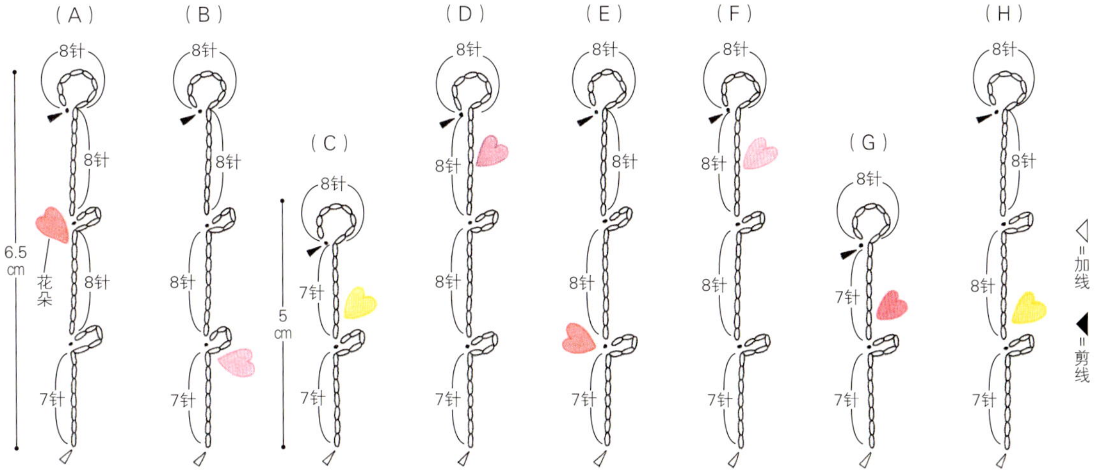

★A、B、D、E、F、H长度为6.5cm，C、G长度为5cm

[小花朵流苏的配色]

	茎	花	朵数
A	卡其色	红色	9朵
B	绿色	粉色	8朵
C	米色	芥末色	8朵
D	灰白色	蓝色	8朵
E	卡其色	红色	8朵
F	绿色	粉色	8朵
G	米色	紫罗兰色	8朵
H	灰白色	芥末色	8朵

[亚麻布料的裁剪方法]

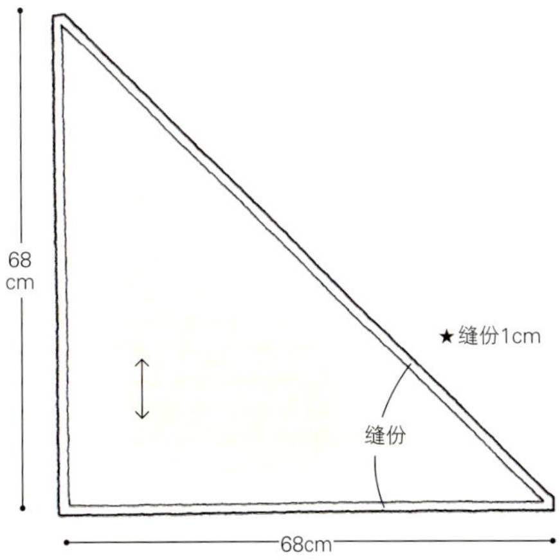

（小花朵）
红色17朵
粉色、芥末色各16朵
蓝色、紫罗兰色各8朵

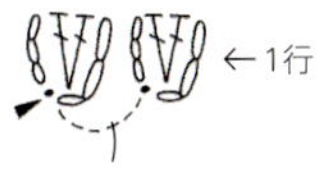

★对折，连接小花朵流苏

玛格丽特围巾 (p.17)

・材　料

毛线/RICHMORE(粗)深黄色(6)、薄荷色(35)各35g，祖母绿色(34)、玫瑰色(114)各30g，淡粉色(79)、灰色(93)各20g

针/6/0号、5/0号钩针

编织密度

10cm×10cm面积内：编织花样26针，11行

・编织方法

★取1根毛线，用6/0号钩针钩织围巾主体，用5/0号钩针钩织花朵和叶子。

1 用锁针起341针，按编织花样横向钩织围巾，钩织完第1行祖母绿色针后，在左端剪线，在第2行添加深黄色毛线进行钩织，注意钩织方向与第1行相同，从第3行开始进行往返编织。

2 钩织花朵和叶子，将叶子缝合在花朵的背面，并将花朵缝合到围巾的两端。

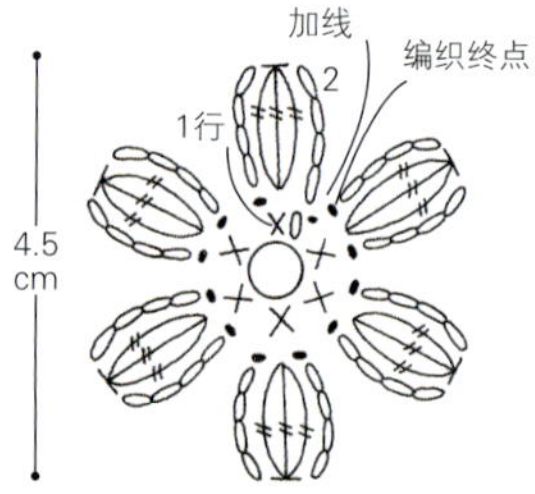

[花朵的配色]

	1行	2行
A	玫瑰色	深黄色
B	玫瑰色	灰色
C	深黄色	玫瑰色
D	玫瑰色	薄荷色

★各2朵

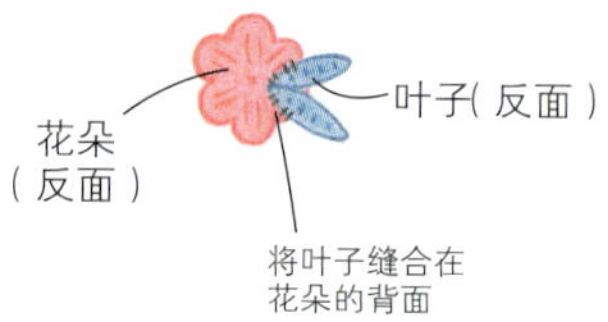

[围巾]

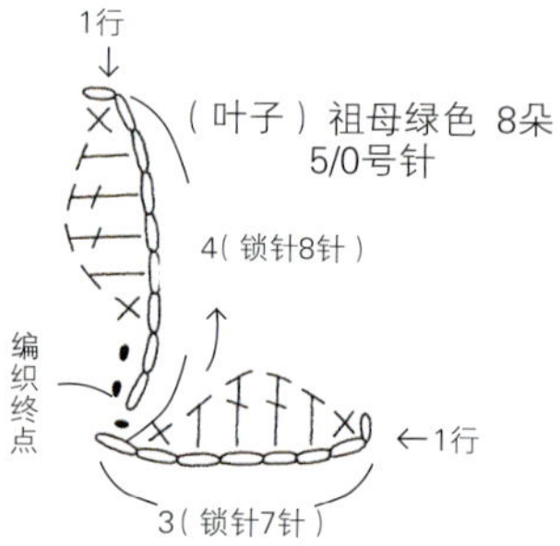

（编织花样）

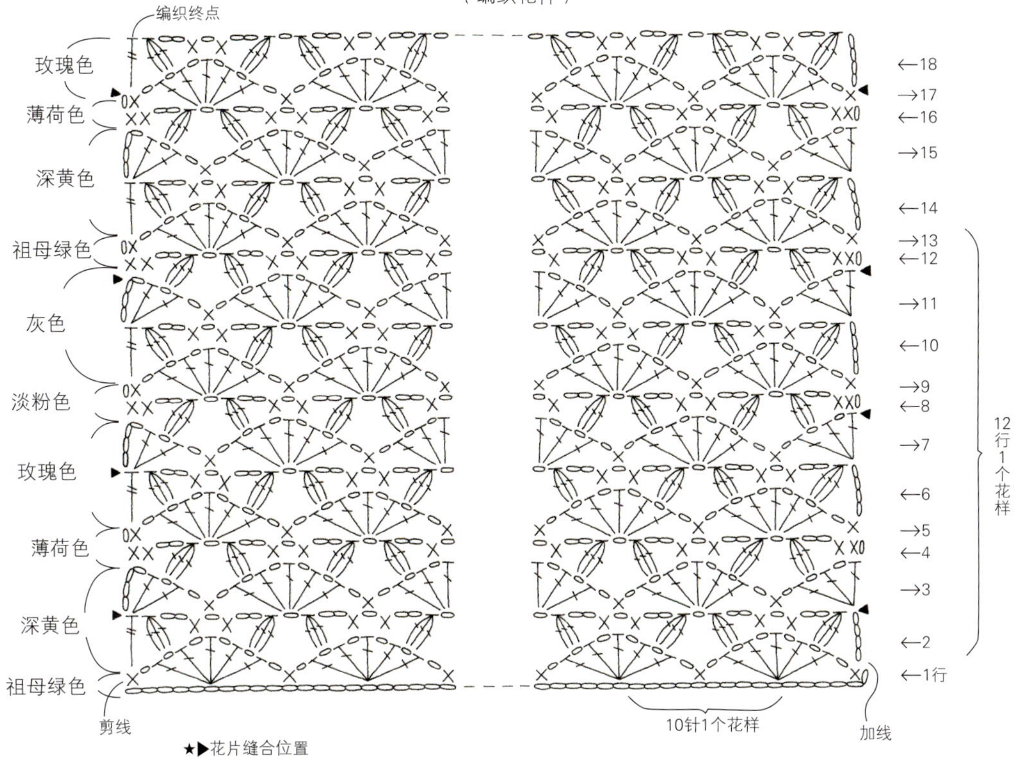
编织终点
玫瑰色
薄荷色
深黄色
祖母绿色
灰色
淡粉色
玫瑰色
薄荷色
深黄色
祖母绿色
剪线
←18
→17
←16
→15
←14
→13
←12
→11
←10
→9
←8
→7
←6
→5
←4
→3
←2
←1行
12行1个花样
10针1个花样
加线

★▶花片缝合位置

围巾
（编织花样）
6/0号针
约16
（18行）
约130（341针锁针，34个花样+1针）起针

带耳毛线帽 (p.19)

· 材　料

毛线/RICHMORE线（粗）藏青色（106）40g，红色（73）20g，橙色（86）15g，灰白色（2）、芥末色（14）、深蓝色（25）、蓝色（40）、苔绿色（104）各10g

针/4根6号棒针，5/0号钩针

编织密度

10cm×10cm面积内：下针编织22针、31行，编织花样24针、25行

· 编织方法

★取1根毛线编织下针，配色花样用6号棒针编织，花朵用5/0号钩针钩织。

1 从帽檐开始编织。另线起120针，环形做下针编织，接下来用一边编织配色花样一边减针至帽子顶部。将编织终点的毛线穿过最终行的针目中，并收紧。

2 拆去另线起针并挑针，用藏青色毛线做伏针收针。

3 挑起27针编织配色花样编织，编织左右帽耳。

4 在藏青色下针位置做刺绣，并缝上花朵、小花朵和叶子。

5 在帽子前侧和后侧编织2组三股辫，如61页图中所示，调整三股辫的长度并缝合在帽檐和帽耳位置。

6 做毛绒球，并将其缝合在帽子顶部。

［帽子］

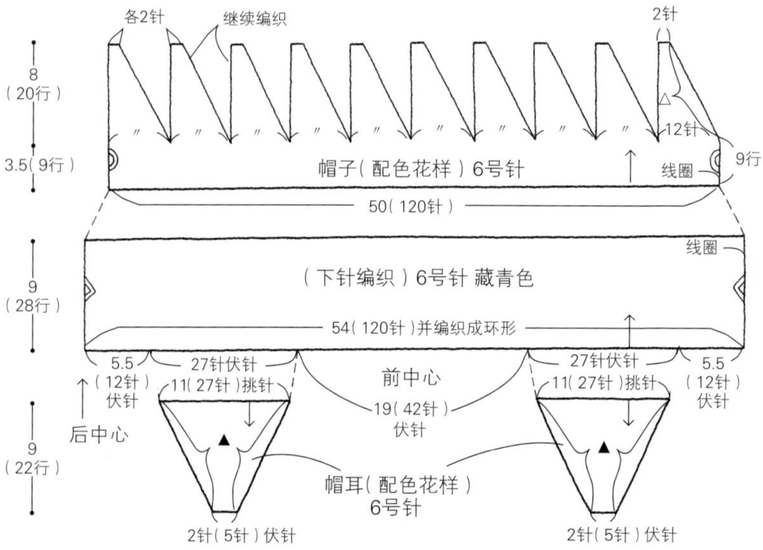

（叶子）深蓝色 4片，苔绿色 8片
5/0号针

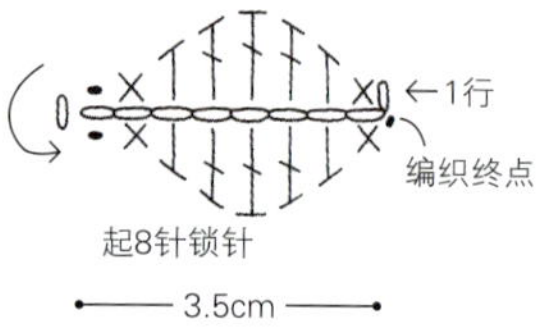

[帽子与帽耳的配色花样]

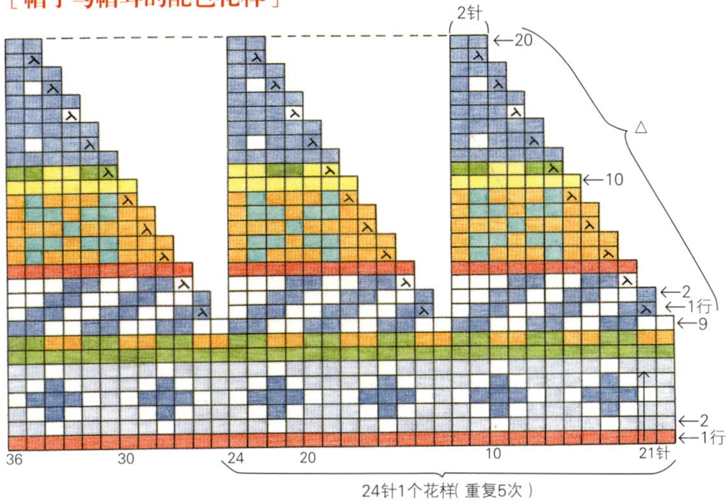

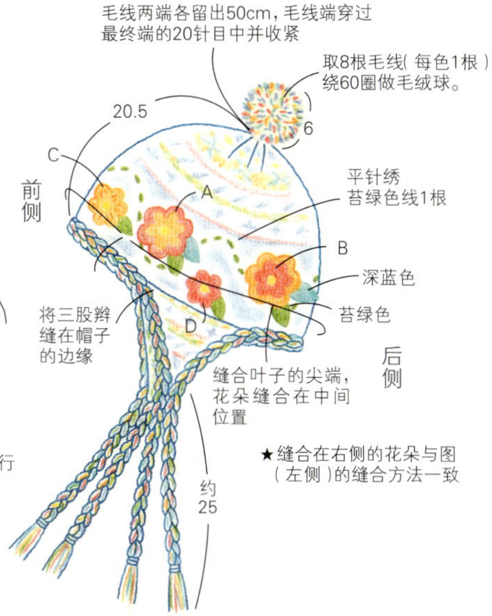

★缝合在右侧的花朵与图(左侧)的缝合方法一致

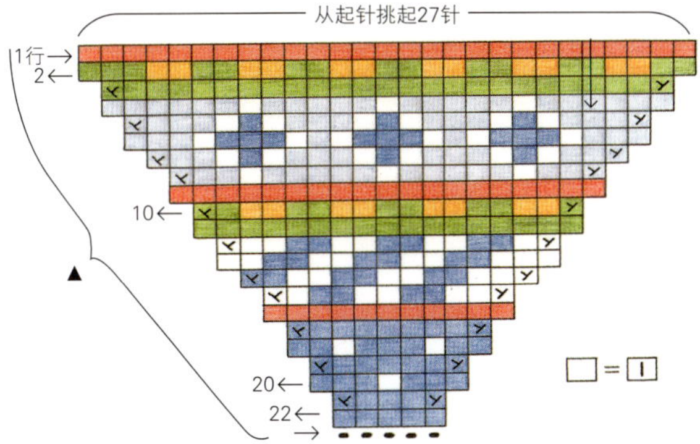

⋏ = 右上2针并1针

⋌ = 左上2针并1针

☐ = |

配色

- ■ = 红色
- ■ = 蓝色
- ■ = 灰白色
- ■ = 藏青色
- ■ = 苔绿色
- ■ = 橙色
- ■ = 深蓝色
- ■ = 芥末色

[三股辫的编织方法]

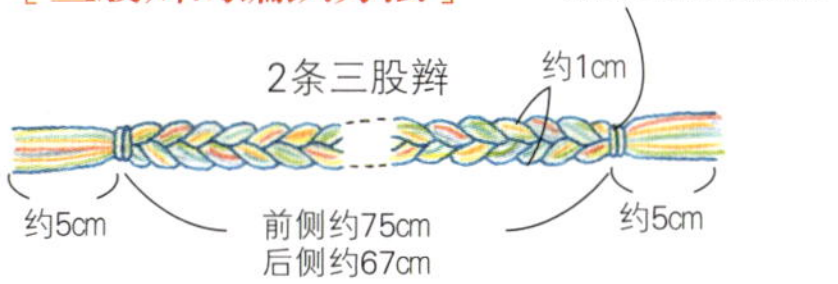

★取8色毛线各1根，每根毛线长100～110cm，将8根毛线合并成1股，再做另外2股相同的毛线股，用这3股毛线编织三股辫

(花朵A、B)
5/0号针

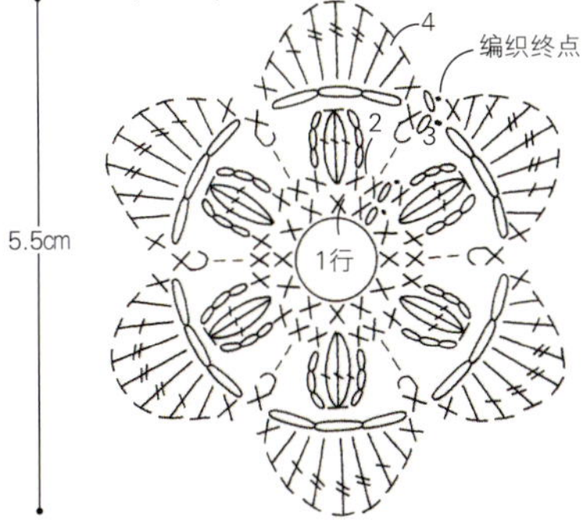

★线圈起针

[花朵的配色]

	1行	2行	3、4行
A	芥末色	橙色	红色
B	芥末色	红色	橙色

★A、B各2片

[小花朵的配色]

	1行	2行
C	芥末色	橙色
D	芥末色	红色

★C、D各2片

(小花朵C、D)
5/0号针

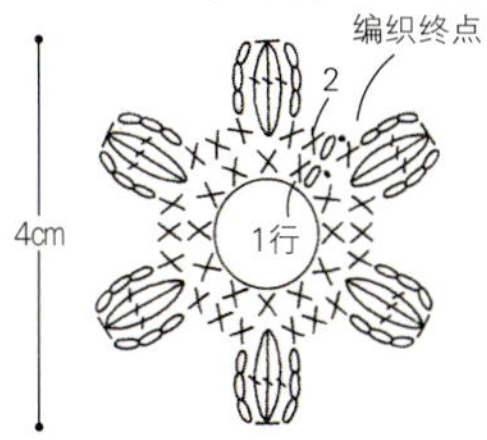

★线圈起针

★花朵、小花朵根据配色剪去毛线或者更换毛线

怀旧风手织短袜 (p.20)

· 材　料

毛线/芭贝线(粗）灰白色(869)55g，红色(822)50g，蓝色(962)、绿色(935)各10g，黄色(934)、粉色(938)、玫瑰色(974)各少许

针/6号、5号棒针各4根

编织密度

10cm×10cm面积内：配色花样22针，28行

· 编织方法

★取1根毛线编织，编织配色花样和下针编织用6号棒针，用5号棒针编织单罗纹针。

1 脚踝处另线起44针，连成环形编织配色花样。

2 脚背休针，袜跟部分往返编织。记号图中的三角部分做减针往返编织，倒三角部分做加针往返编织。端头针目编织滑针，因为行差会出现孔洞，所以要先挂针，返回的时候和相邻针目重叠在一起编织。

3 脚背与脚底继续编织配色花样。

4 边做减针边下针编织脚趾部分，剩下的10针做弹性拼接。

5 解开另线起针，挑针做单罗纹针，编织终点用单罗纹针收针，左右两只短袜编织成相同的形状。

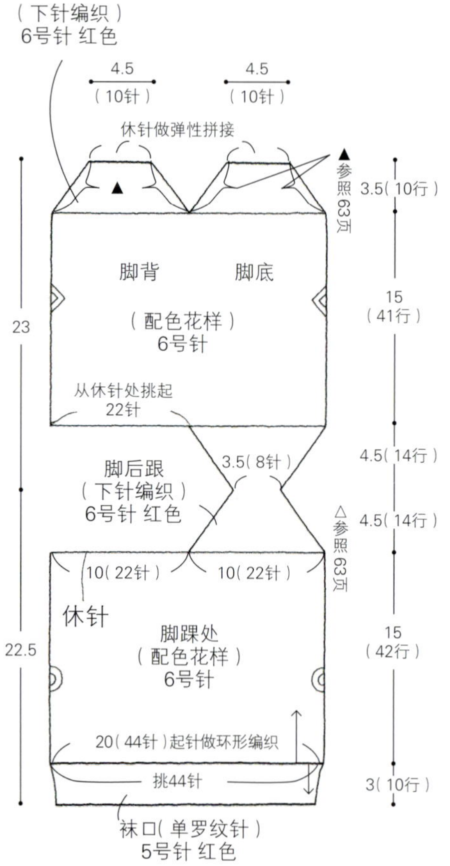

[短袜]

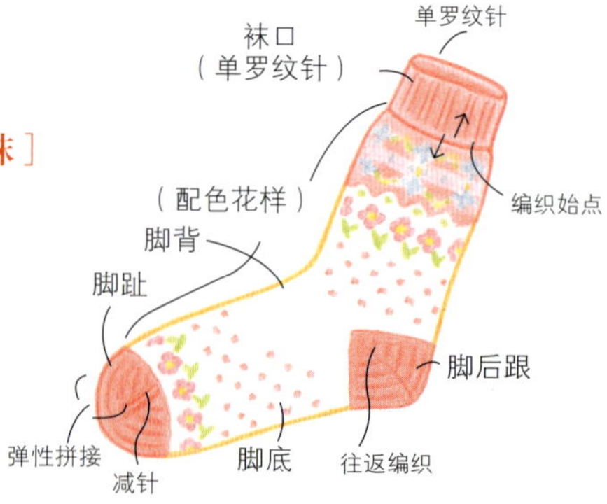

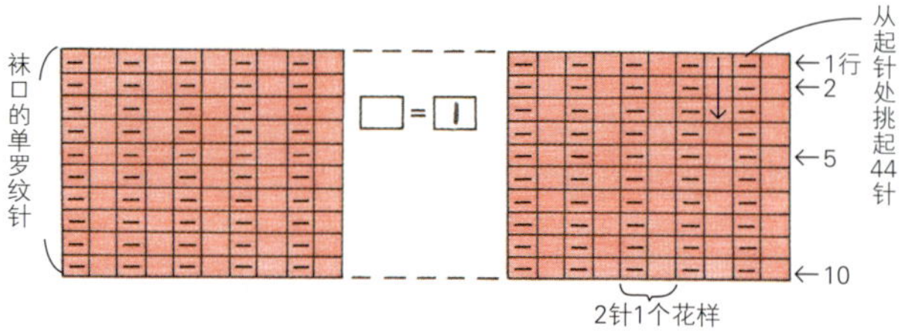

[编织符号图]

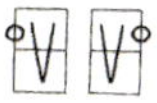

= 做挂针后编织滑针

= 右上2针并1针

= 左上2针并1针

[弹性拼接]

1

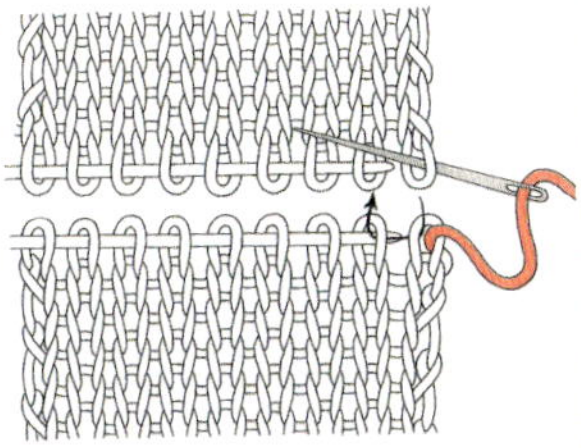

2

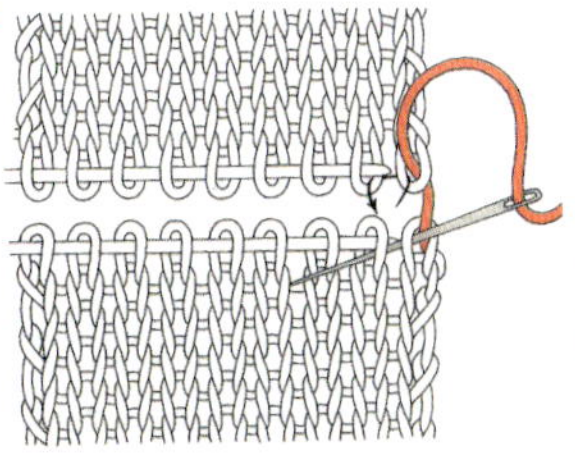

3

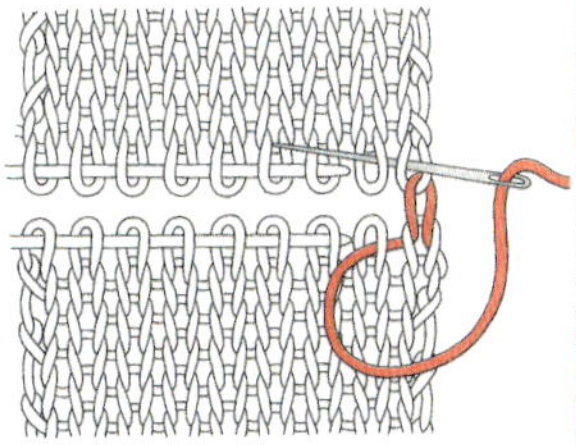

4

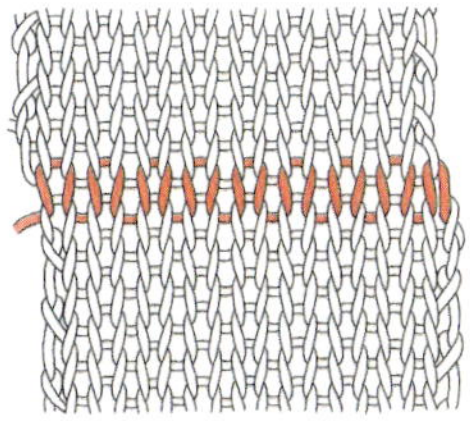

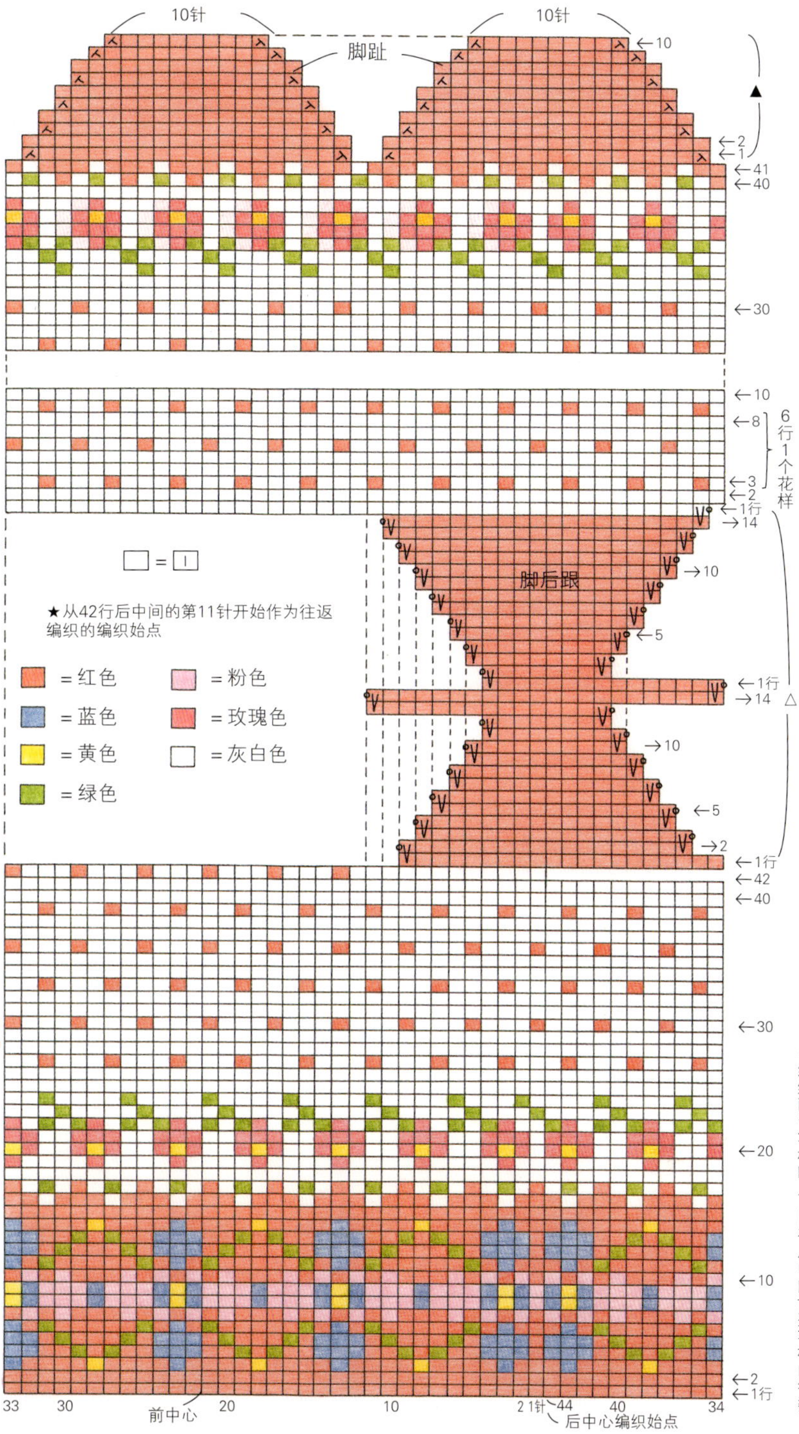

★编织配色花样时，可以在后中间调整花样的针数

多种花片组成的三角形头巾 (p.23)

· 材　料

毛线/手织屋毛线（中细）灰白色（002）、深蓝色（109）、浅蓝色（135）、粉色（211）、紫色（237）、玫瑰色（240）、绿色（318）、浅绿色（319）、祖母绿色（331）、芥末色（322）、黄色（332）、橙色（424）、淡粉色（433）、红色（428）各3～7g

★作品大约需要35g

针/4/0号钩针

· 编织方法

★取各色毛线1根用4/0号钩针钩织。

1 按照下图的配色钩织花片A～R。

2 钩织完成的花片均衡地按照倒三角形进行排列，用卷针缝连接。为使所有连在一起的花片的周围不凸起来，用相邻花片的其中一种颜色的毛线将相邻处挑针接缝。

3 钩织罗纹绳，将其缝合在两端花片的背面。

（花片A）黄色 2片
（花片B）橙色 2片
（花片C）浅蓝色 1片

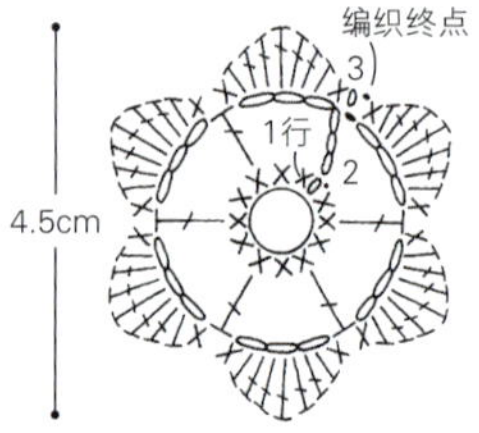

★线圈起针

（花片D）玫瑰色 2片
（花片E）浅绿色 1片

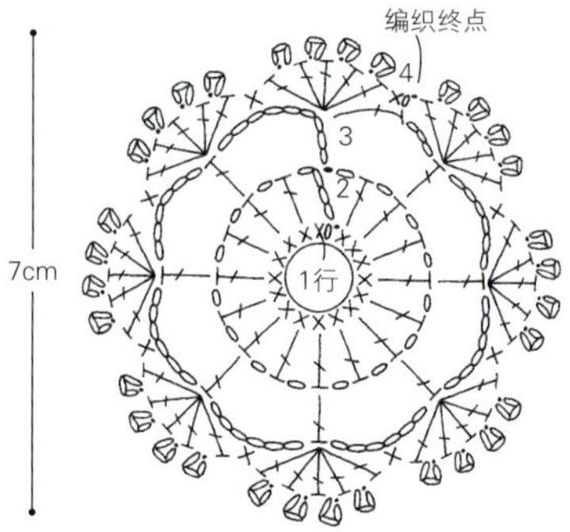

（花片F）淡粉色 1片
（花片G）芥末色 1片

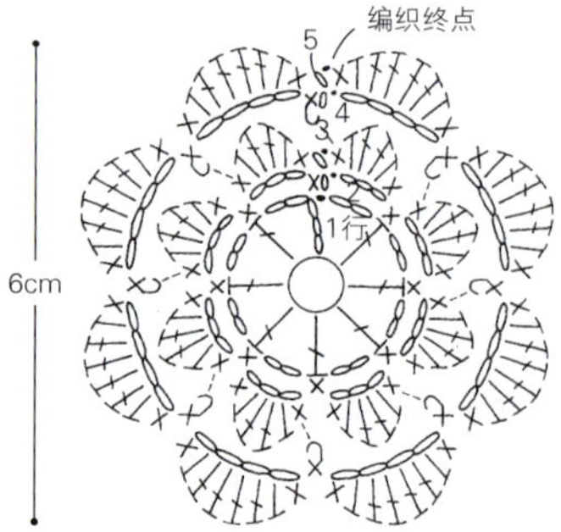

（花片H）浅蓝色 2片
（花片I）深蓝色 1片
（花片J）浅绿色 1片

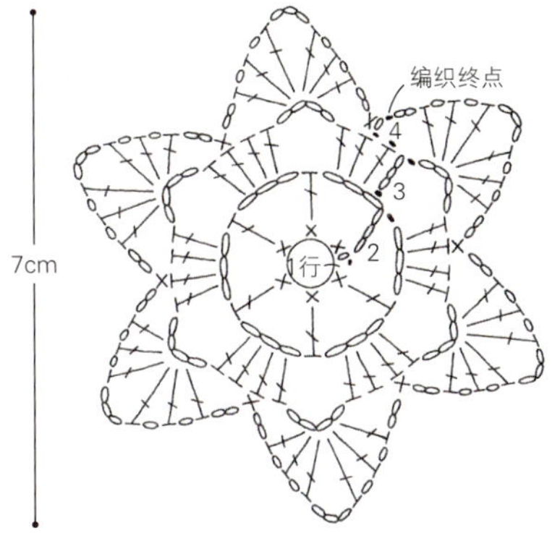

（花片K）紫色 2片

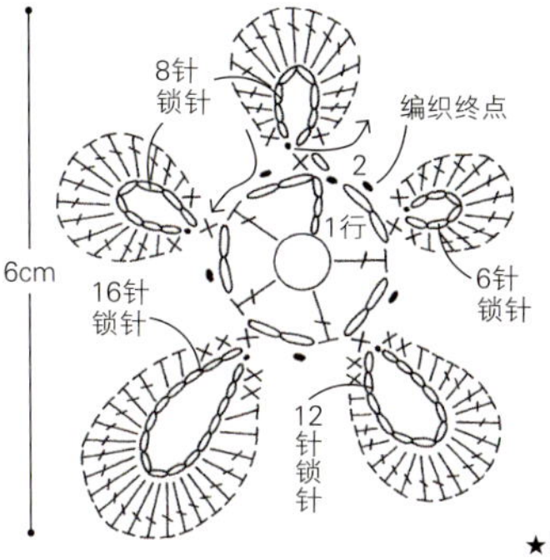

★线圈起针

（花片L）绿色 2片

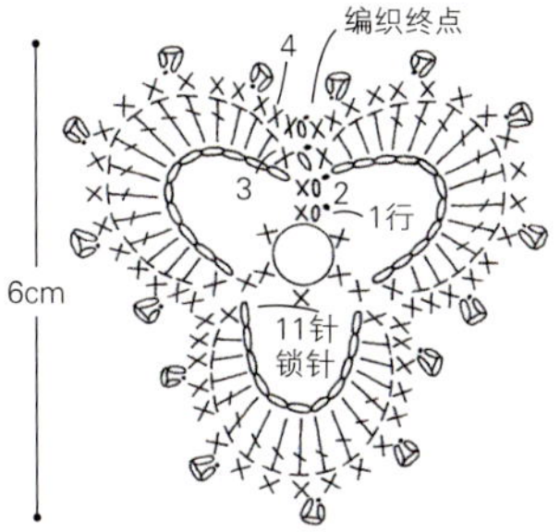

（花片M）红色 2片
（花片N）玫瑰色 1片
（花片O）橙色 1片
（花片P）粉色 1片

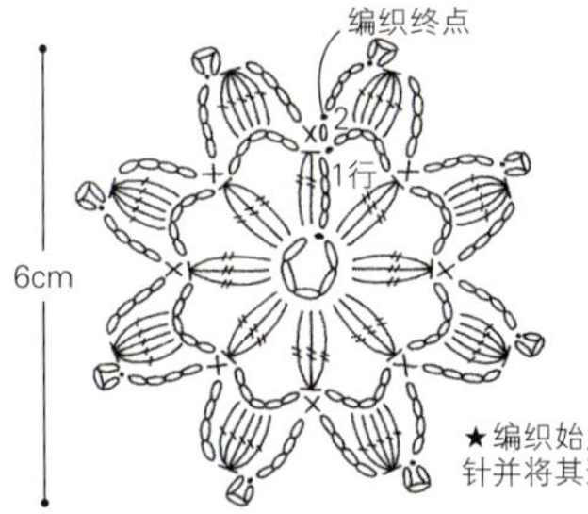

★编织始点，做5针锁针并将其连成环形

（花片Q）灰白色 1片

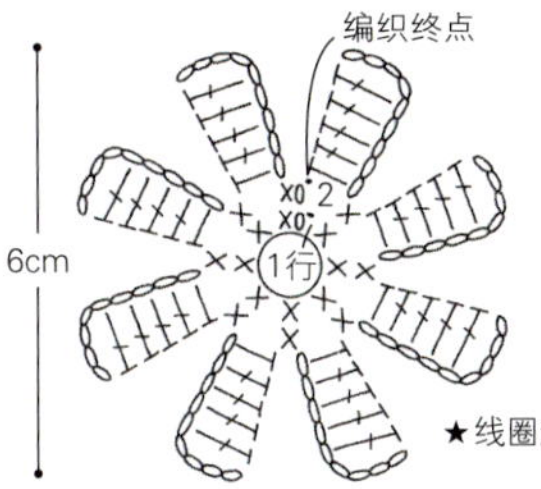

★线圈起针

（花片R）祖母绿色 2片

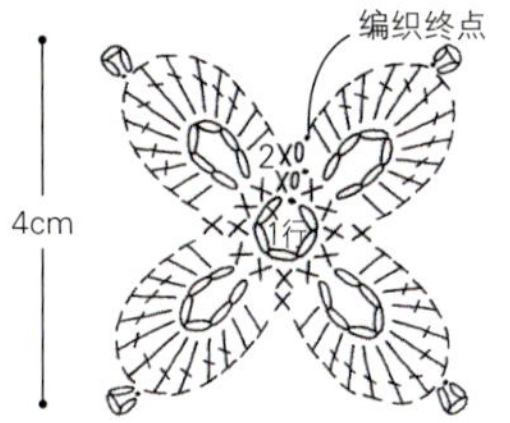

★编织始点，做5针锁针并将其连成环形

（罗纹绳）绿色 2根

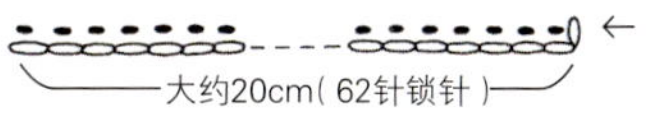

［头巾］

迷你玫瑰化妆包 (p.24)

· 材　料

毛线/RICHMORE线（粗）化妆包主体 黄茶色（8）20g，花朵与叶子 茶色（9）、薰衣草色（53）、红色（73）、橙色（86）、绿色（104）、天蓝色（108）各少许

其他材料/14cm长的绿色拉链1条

针/4/0号钩针

编织密度

10cm×10cm面积内：长针27针，13行

· 编织方法

★取1根毛线用4/0号钩针钩织。

1 锁针起针钩织化妆包主体，在起针周边钩织长针，将其钩织成环形，不做加减针。

2 在包开口处用毛线缝针缝上拉链。

3 钩织玫瑰花，花瓣、花蕊和叶子，并将这些织好的小饰物缝合在化妆包的一侧。

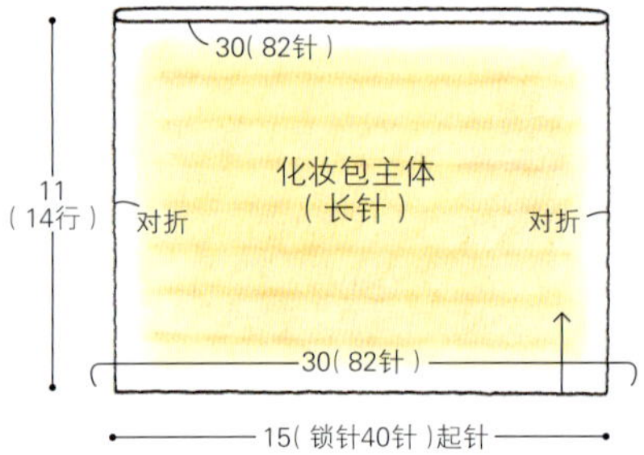

［编织符号图］

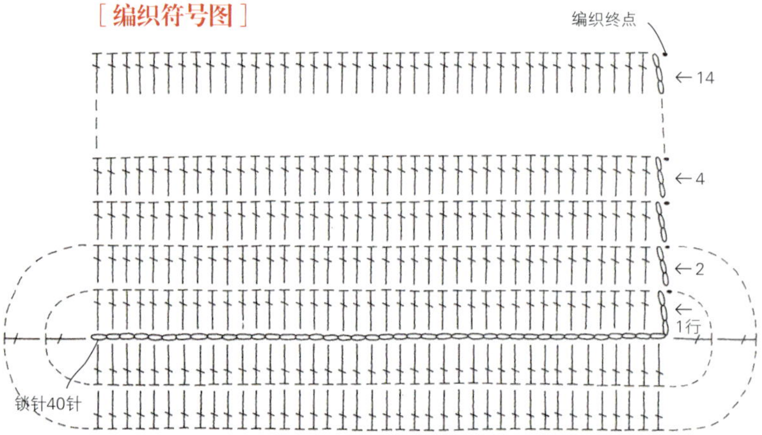

★在第1行从锁针两端各挑起1针

（玫瑰）红色 1朵

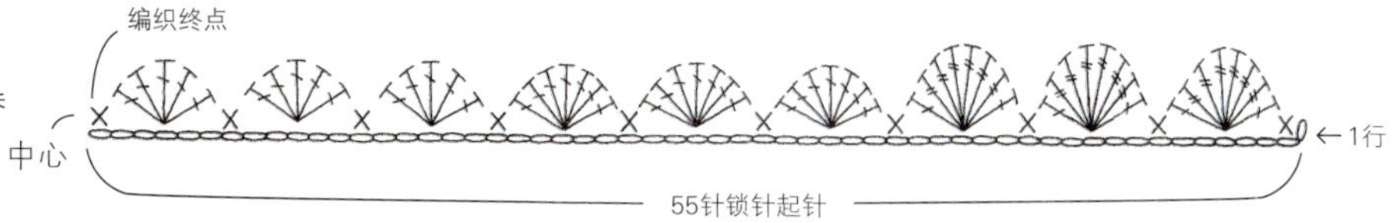

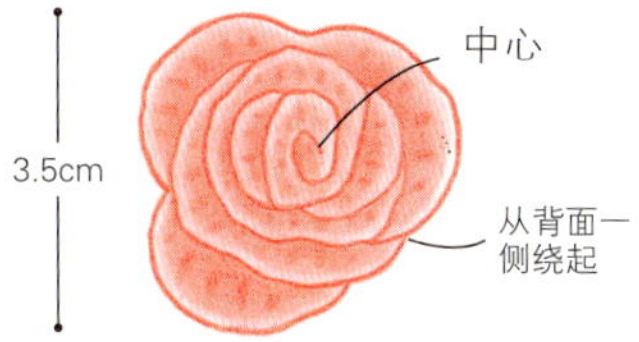

★编织终点留出20cm长的线，剪去毛线并从中心开始卷

（花蕊）
茶色、红色各1片

★编织始点和编织终点的线留10cm左右

（花瓣）
天蓝色、薰衣草色
各1片

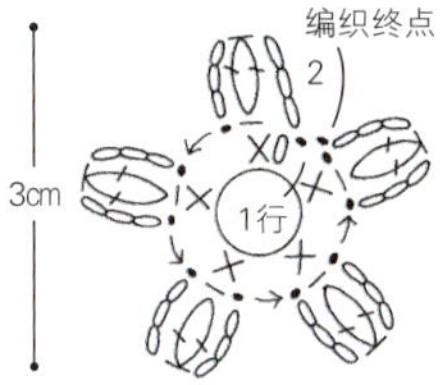

★线圈起针

= 挑起前行锁针后的1根毛线，钩织长针的枣形针，左右两边的引拔针也采用同样的编织方法

（雌蕊）
橙色2片

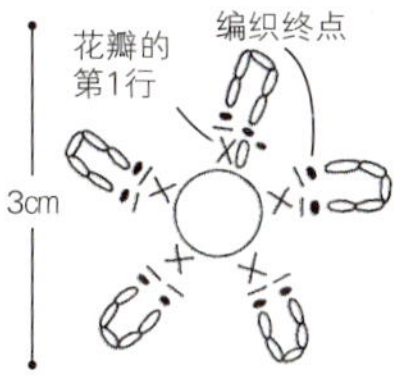

★线圈起针

= 从花瓣第1行短针的锁针前面挑针，钩织引拔针

（尺寸较大的叶子）
绿色1片

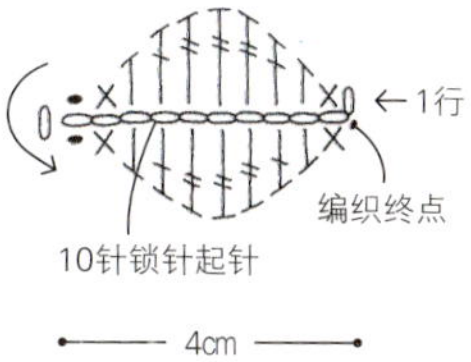

（尺寸较小的叶子）
绿色2片

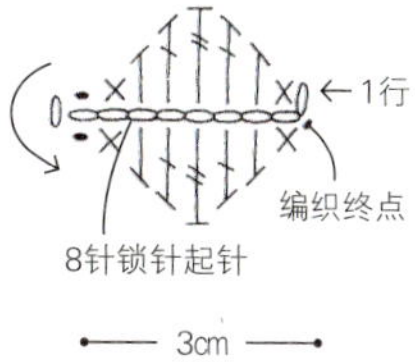

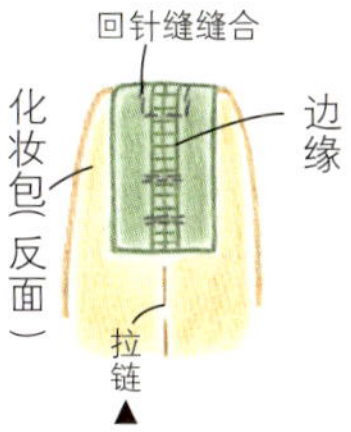

［化妆包］

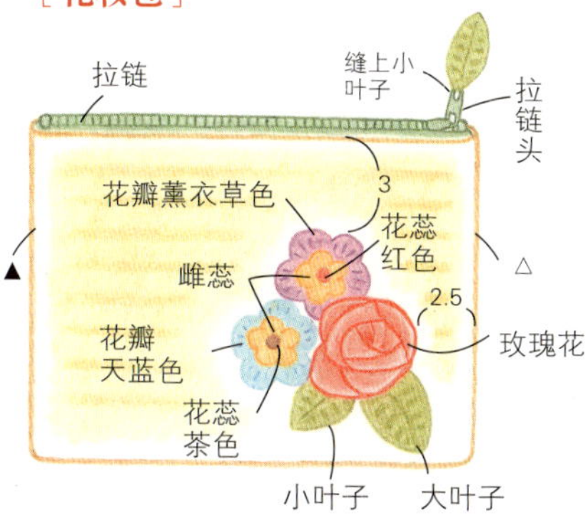

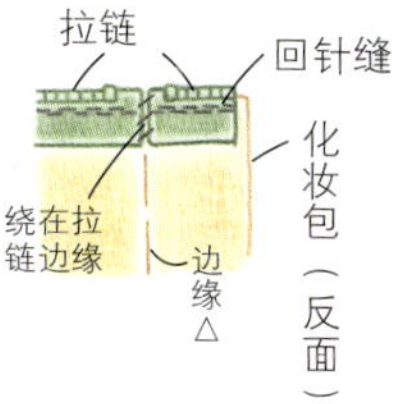

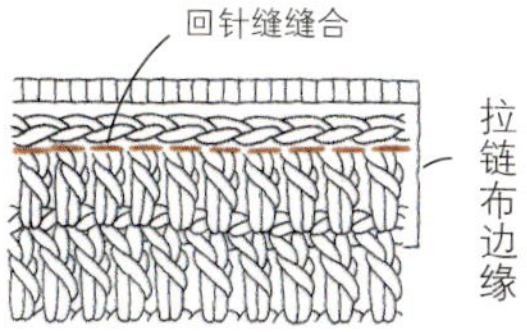

七彩花片竹篮盖 (p.26)

· 材　料

毛线/RICHMORE线（粗）卡其色（13）40g，灰白色（2）、黄色（5）、蓝色（40）、粉色（67）、绿色（107）、玫瑰色（114）各5～15g

★作品用料约为75g

针/5/0号钩针

编织密度

一片花片的边长约为7.5cm

· 编织方法

★取1根毛线，用5/0号钩针钩织。

1 线圈起针，钩织花片，剪去每行针上多余的毛线并更换配色。在毛线末端留出7～8cm的长度，用手缝针从同色针目下面穿过，打结。

2 钩织15片花片，按照图示进行摆放，用卡其色毛线做卷针缝拼接。

3 从拼接好的花片周围挑针做边缘编织。锁针钩织的罗纹绳穿过上下边缘，并将毛绒球缝在罗纹绳的两端。

［竹篮套］

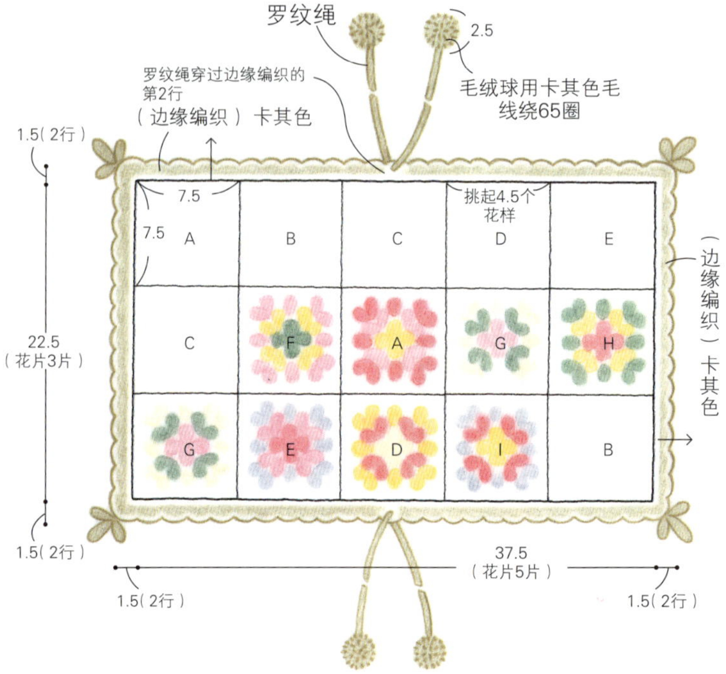

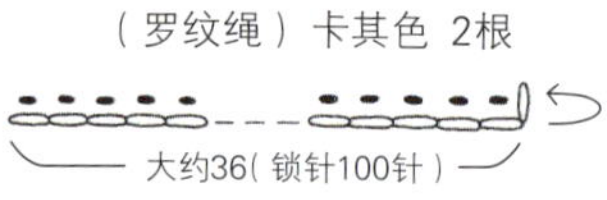

[花片与边缘编织]

[花片的配色]

	1行	2行	3行	4行
A	黄色	粉色	玫瑰色	卡其色
B	绿色	灰白色	玫瑰色	卡其色
C	玫瑰色	蓝色	绿色	卡其色
D	灰白色	玫瑰色	黄色	卡其色
E	玫瑰色	粉色	蓝色	卡其色
F	绿色	黄色	粉色	卡其色
G	粉色	绿色	灰白色	卡其色
H	玫瑰色	黄色	绿色	卡其色
I	黄色	玫瑰色	蓝色	卡其色

▽ = 加线

▼ = 剪线

★A～E、G各2片，F、H、I各1片

向日葵、雏菊、玫瑰发卡 (p.28)

· 材　料

★叶子与发卡柄上用RICHMORE线（粗）绿色（12）少许

向日葵

毛线/HAMANAKA线（中细）深黄色（25）、黑色（20）各少许

雏菊

毛线/和麻纳卡线 白色（2）、ANCHOR TAPPISERIE WOOL（粗，刺绣毛线，1束约5g）黄色（8116）各少许

迷你玫瑰

毛线/HAMANAKA线 深粉色（22）少许

其他材料/底座直径0.9cm的发卡各1个

针/3/0号钩针

· 编织方法

★取1根毛线，用3/0号钩针钩织。3个发卡的叶子和发卡柄都用绿色毛线钩织，扭转锁针。

向日葵

· 用2色毛线钩织，将叶子缝合在发卡上。

雏菊

· 钩织出大小不同的花瓣和花蕊，将叶子和花朵缝在发卡上。

迷你玫瑰

· 将迷你玫瑰钩织成条状，卷好并整理好形状，同叶子一起缝在发卡上。

［向日葵］

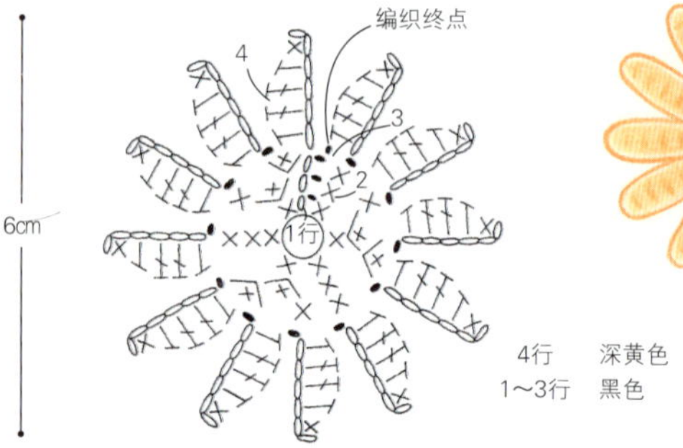

★线圈起针

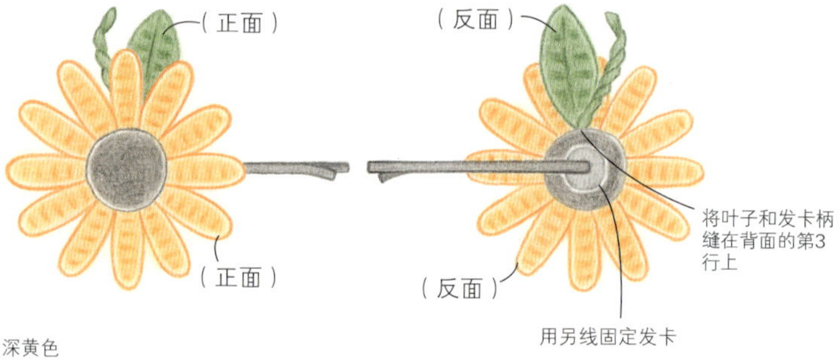

（叶子与发卡柄）绿色 3片

［叶子与发卡柄］

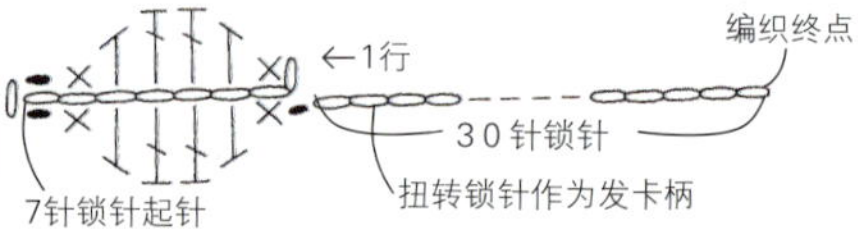

★对折，将叶子与发卡柄缝在各朵花朵反面

[雏菊]

（花瓣）白色　　（花瓣）白色　　（花蕊）黄色

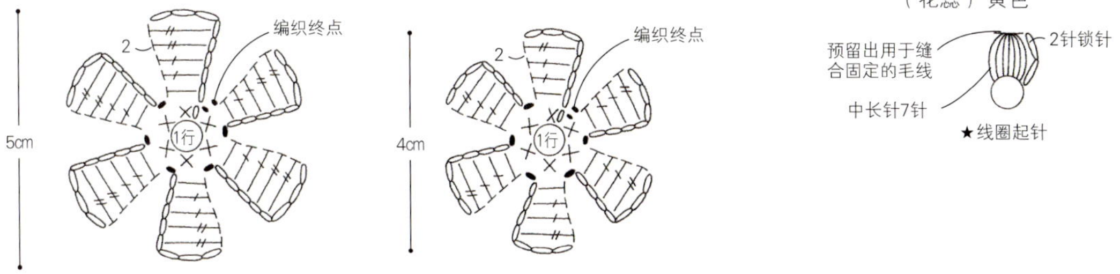

★线圈起针

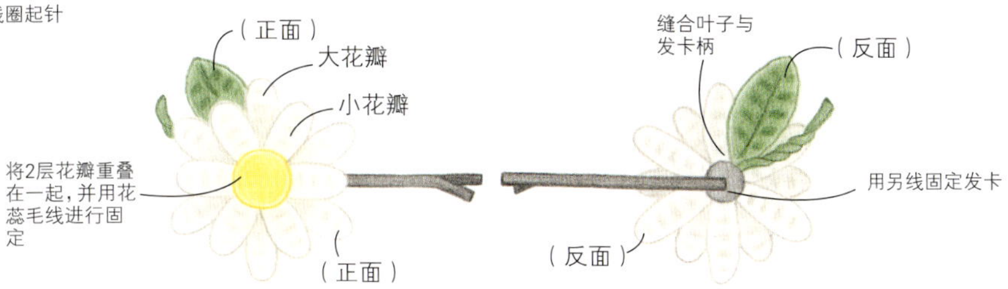

[迷你玫瑰]

（迷你玫瑰）深粉色

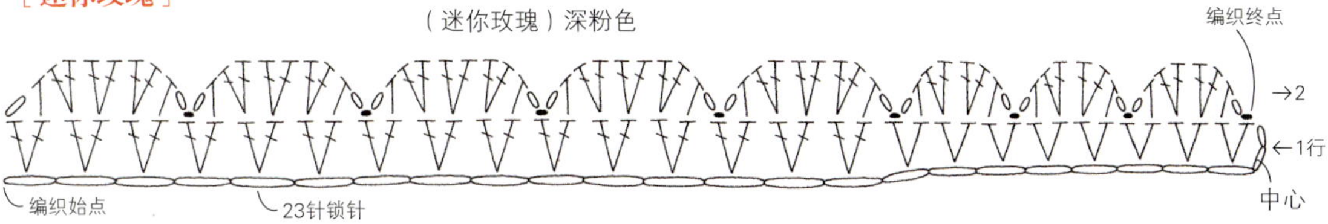

★从花朵中心开始卷，用线从反面将花朵固定

★预留出编织终点的毛线大概20cm

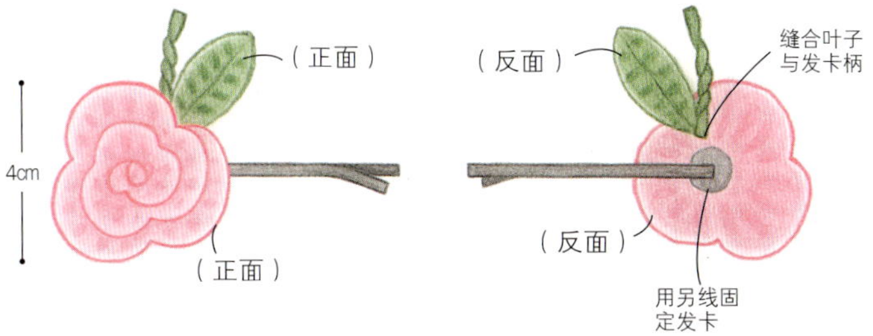

色彩缤纷的流苏沙发毯(p.36)

・材　料

毛线/和麻纳卡线(细) 白色(401)、红色(404)、黄色(491)、祖母绿色(424)、紫色(437)、粉色(465)、深粉色(468)、蓝色(471)、深蓝色(472)、青绿色(474)、绿色(476)、浅粉色(479)、灰色(481)、芥末色(491)、卡其色(493)、薰衣草色(496)各15~20g

针/8/0号钩针

编织密度

10cm×10cm面积内：长针13针，7行

・编织方法

★取1根毛线，用8/0号钩针钩织。

1 锁针起针钩织长针，一边更换配色毛线一边钩织。起针毛线钩织第1行的编织始点，每隔4~12针留出7~8cm的毛线长度，与不同配色的毛线连接并交替钩织。为了使毛线结点单面凸现出来，在钩织的奇数行将结点放置在织片的背面，在钩织的偶数行将结点放置在织片的正前面。

★用蓝色毛线起针，接下来按照蓝色、紫色、红色毛线的顺序进行钩织。

2 用自己喜欢的配色变换毛线进行钩织，无需加减针，钩织39行，将作品钩织成长方形。

[沙发毯]

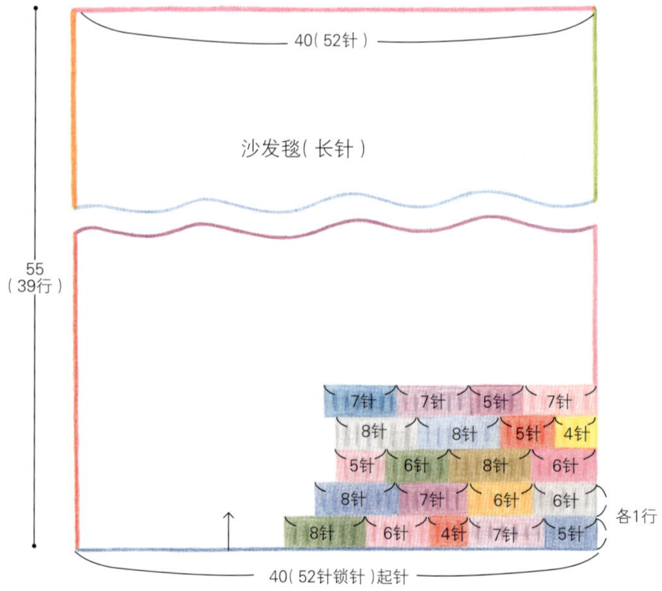

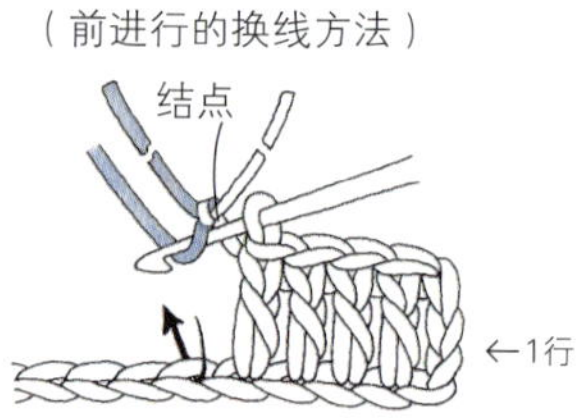

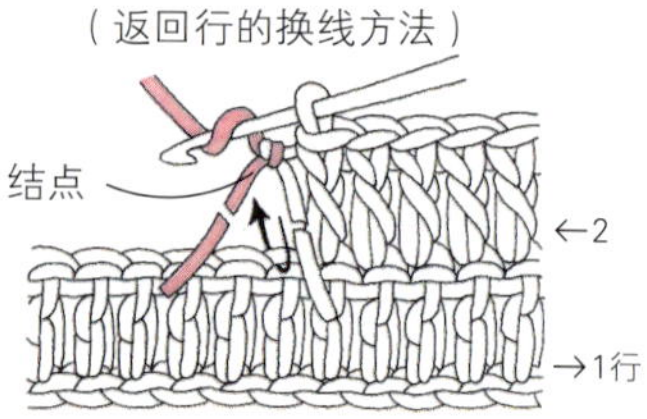

花片手链和项链 (p.29)

· 材　料

毛线/横田小卷线（中细）卡其色（15）、芥末色（6）各4g，黄色（5）、绿色（18）、蓝色（18）各少许

★作品需用毛线约10g

针/3/0号钩针

· 编织方法

★取1根毛线，用3/0号钩针钩织。

1 开始用卡其色毛线钩织链状茎，编织始点钩1针锁针，如图所示将钩织好的球形叶子嵌入进去。继续钩织茎、叶；茎部合计钩织321针（6个花样＋33针），在编织终点与编织始点的钩织方式一样，做球形钩织。

2 接下来钩织花片。线圈起针，第1行用黄色毛线，第2行用芥末色毛线，钩织好拥有5片花瓣的花片，钩织第2行花瓣尖端的环形时，固定住茎部。花片钩织结束后，在花瓣的1个位置上继续钩织4针锁针，并将其钩织为环形。

3 最后在花片的7个位置上将2色的花苞钩织在茎部的锁针位置。

（花片）13片

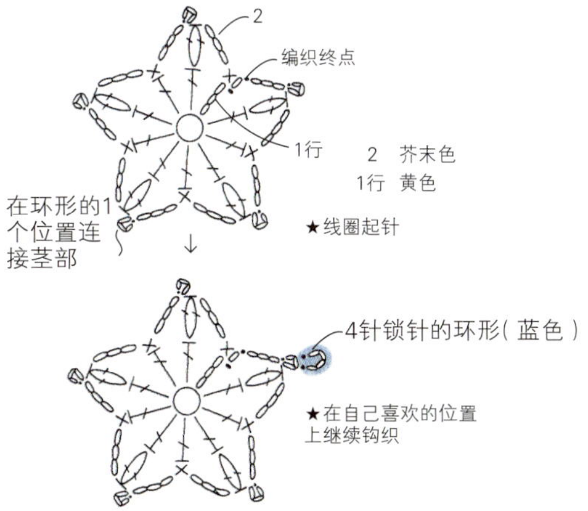

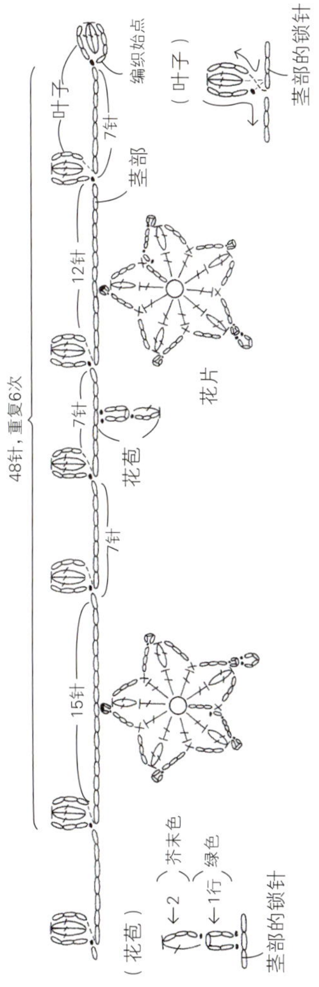

★为了方便读者学习，花片以外的图案都变换了方向

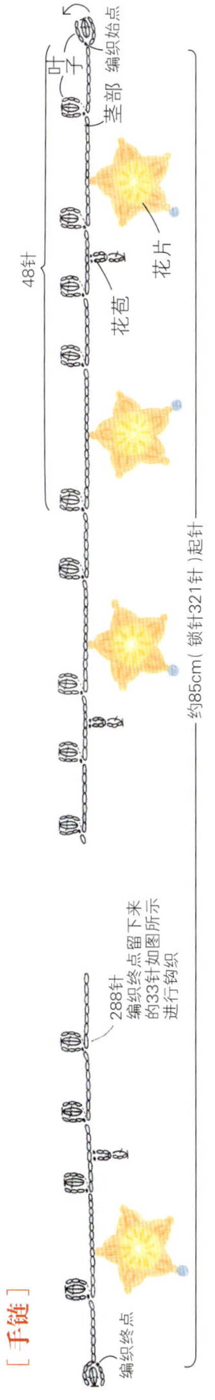

鲜花盛开的连指手套 (p.30)

· 材　料

毛线/RICHMORE线（中细）粉色（36）30g，芥末色（10）、绿色（12）、红色（25）、薰衣草色（51）、橙色（67）、玫瑰色（69）各5～10g

针/3/0号钩针

编织密度

10cm×10cm面积内：长针钩织30针，15.5行

· 编织方法

★花朵与手背的钩织方法见76、77页。

★取1根毛线，用3/0号钩针钩织。

1 手掌和手背分开钩织。从手腕起针用长针钩织手掌。第8行钩织拇指的锁针，第9行的长针钩织在锁针上，一直钩织到指尖。

2 从拇指的位置挑针做长针钩织，将织物钩织成筒状，毛线穿过第8行顶部的针并收紧，左右两只手套对称钩织。

3 钩织手背的花朵，如图所示进行摆放，用卷针缝进行连接。为了不让完成的花朵散开，可以从反面挑起周边的毛线并进行挑缀缝合。

4 在连接好的花朵周边做边缘钩织，并整理成连指手套的形状。

5 将手掌与手背正面相对，用珠针固定，看着手掌用粉色毛线钩织短针接合。

［左手］

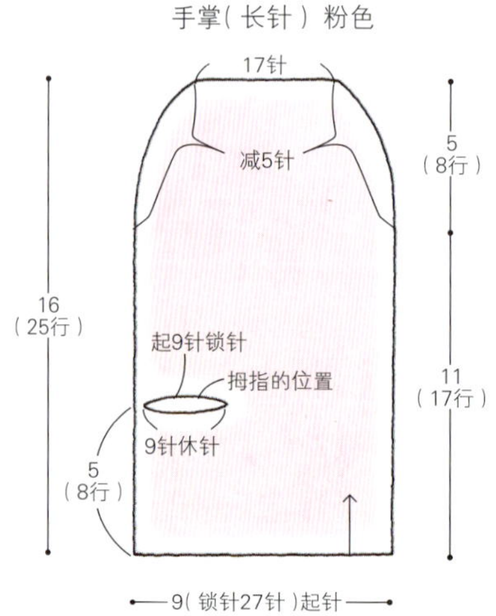

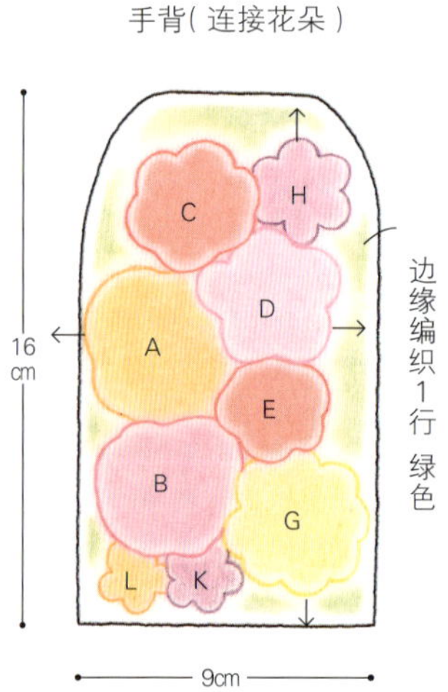

[手掌与拇指钩织符号图]

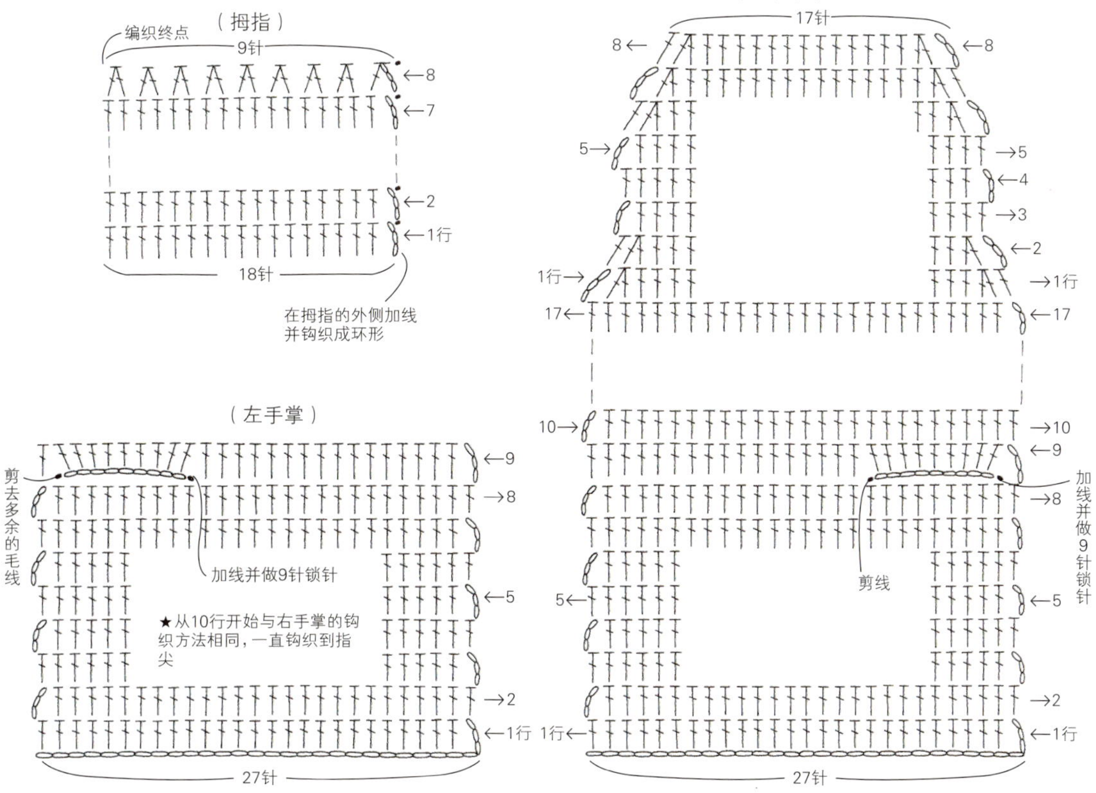

[右手套]

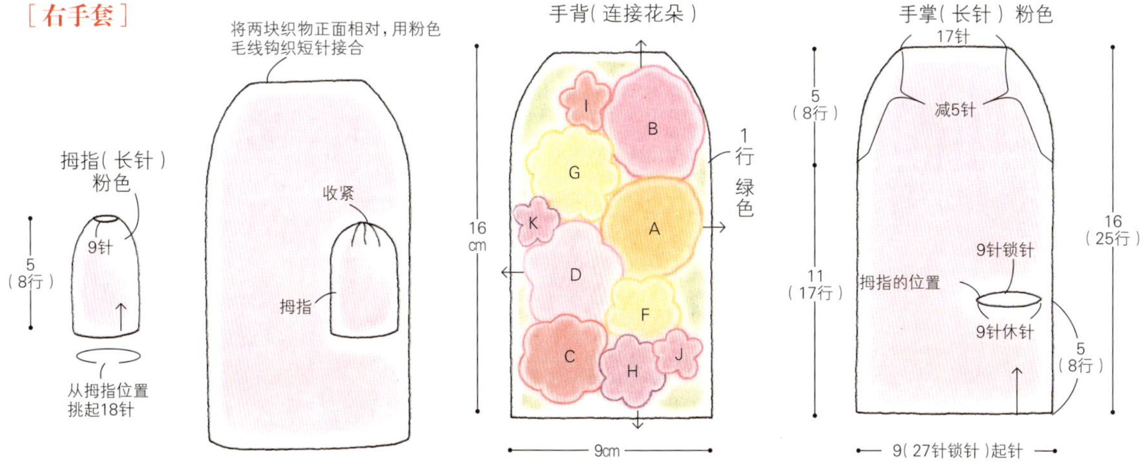

[花朵]

（花朵A）橙色 2朵
（花朵B）玫瑰色 2朵

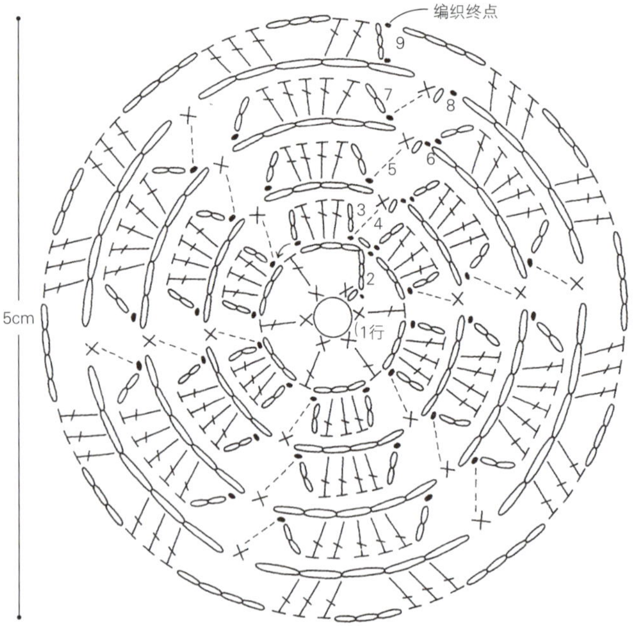

★线圈起针

（花朵D）粉色 2朵

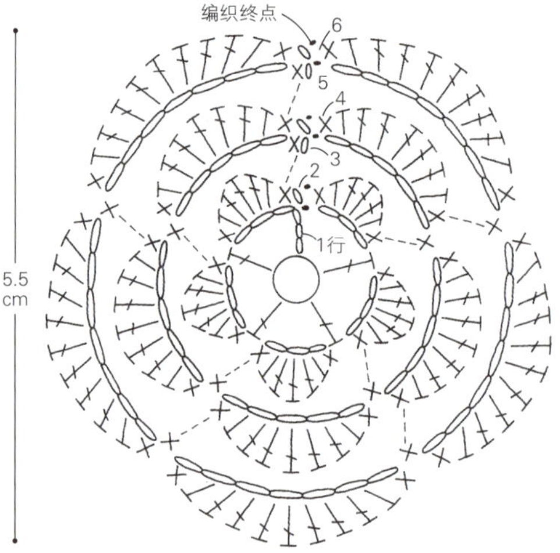

★线圈起针

（花朵C）红色 2朵

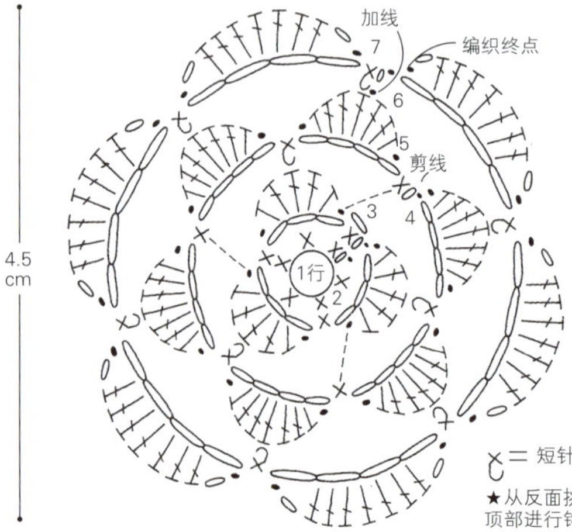

= 短针的反拉针

★从反面挑起前一行短针的顶部进行钩织

★线圈起针

（花朵E）红色 1朵
（花朵F）芥末色 1朵

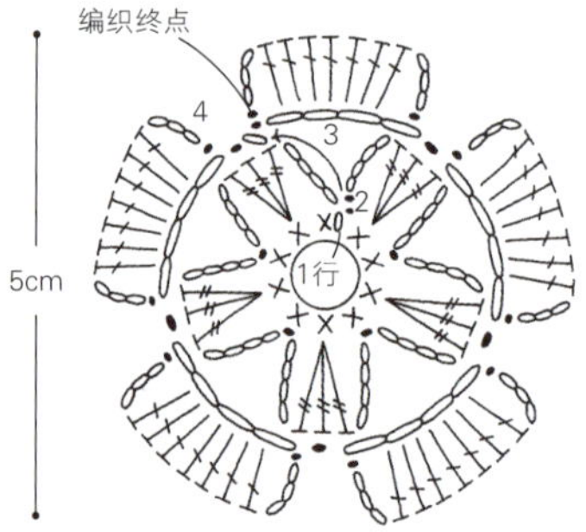

★线圈起针
★第3行的引拔针将前一行倒向前面，钩织在两行的短针上

（花朵G）芥末色 2朵

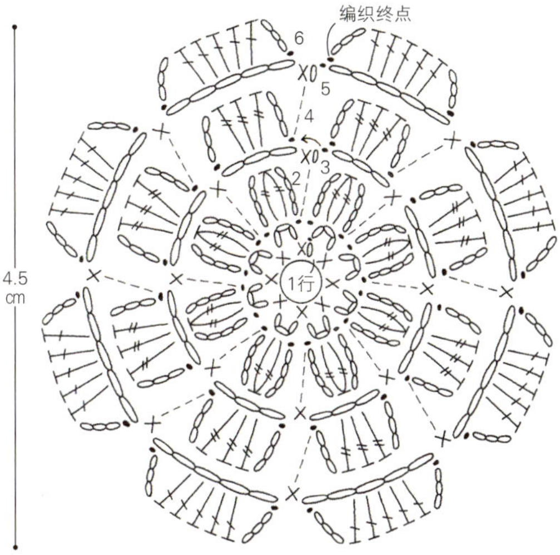

★线圈起针

（花朵H）薰衣草色 2朵

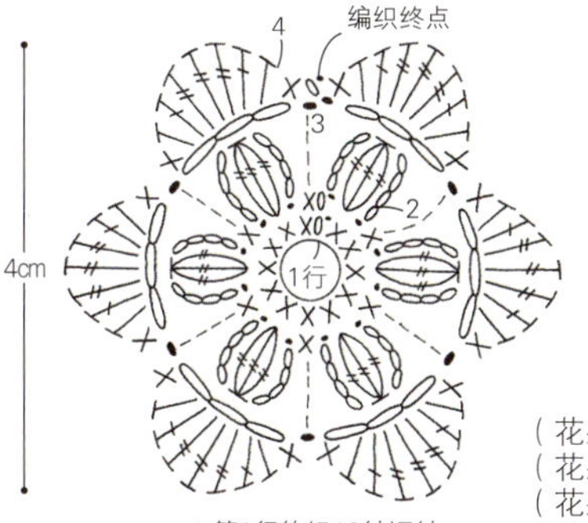

★第1行钩织12针短针
★线圈起针

（花朵I）红色 1朵
（花朵J）玫瑰色 1朵
（花朵K）薰衣草色 2朵
（花朵L）橙色 1朵

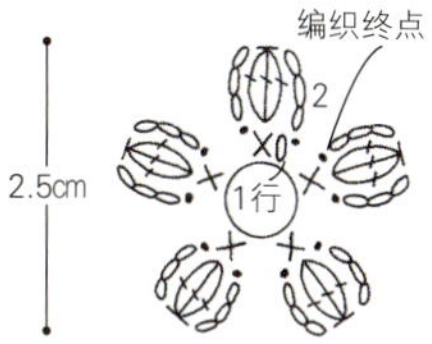

★线圈起针

左手背的边缘编织

右手背的边缘编织

蝴蝶结方形靠垫 (p.33)

· 材　料

大靠垫

毛线/RICHMORE线（中粗）白色（301）80g，RICHMORE线（粗）红色（32）80g、绿色（38）65g

其他材料/白色里布长50cm，宽70cm；填充棉300g

小靠垫

毛线/RICHMORE线（中粗）白色（301）、蓝色（312）各40g，RICHMORE线（粗）红色（32）40g

其他材料/白色里布长40cm，宽60cm；填充棉约160g

针/8号棒针2根，7/0号钩针

编织密度

10cm×10cm面积内：下针编织20针，25.5行

· 材　料

★用8号棒针编织大靠垫套、小靠垫套以及蝴蝶结。伏针收针和引拔接合用7/0号钩针。两个靠垫的编织方法和配色相同，只是蝴蝶结的颜色不同。

1 靠垫套棒针起针开始编织，编织下针条纹，休针。从起针端挑针编织另一片，使用钩针引拔接合于休针，呈环形。

2 用单罗纹针编织蝴蝶结的各个部分。A、B在靠垫套的一面交叉，然后缝上C~E。

3 从端头半针半针地挑针，使用毛线缝针挑针缝合上侧的开口。

4 将2片里布正面朝内对齐缝合，留返口。翻至正面，从返口塞入填充棉，将返口卷针缝缝合。

5 将靠垫芯装入靠垫套，然后使用毛线缝针挑针缝合。

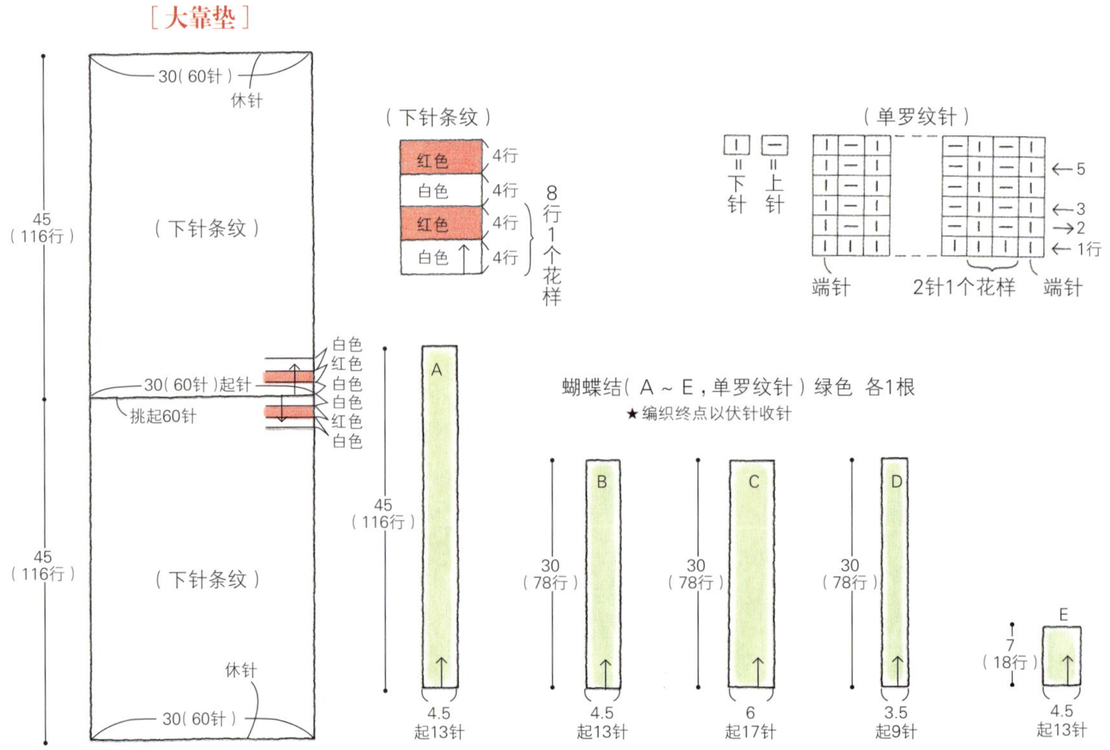

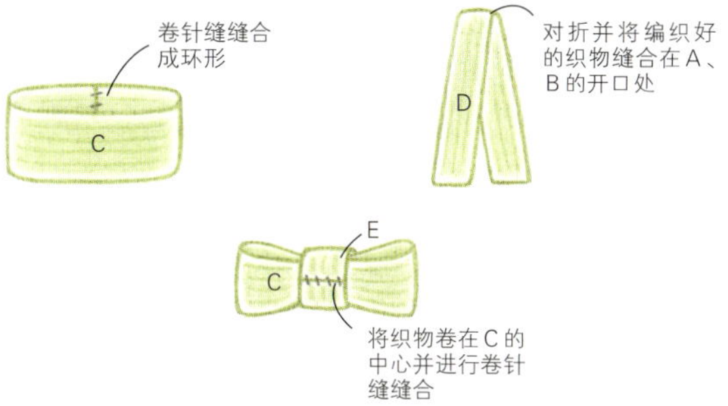

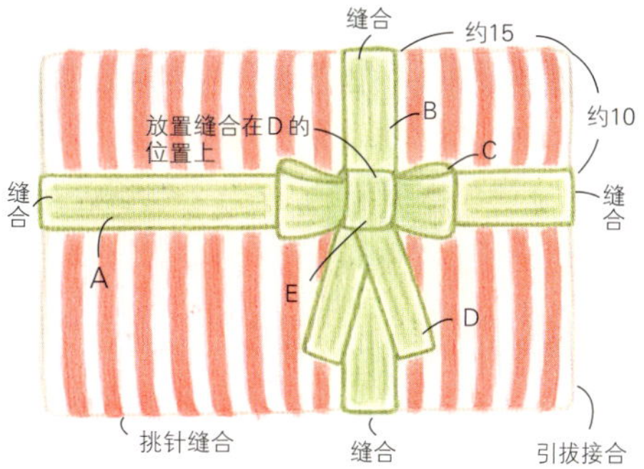

［内袋］

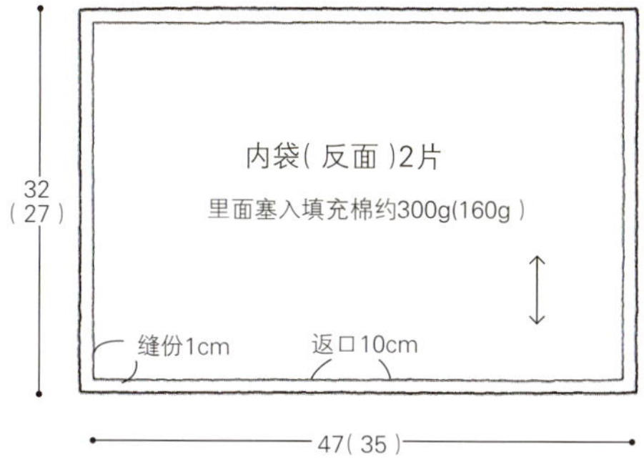

★（ ）内的尺寸为小靠垫的数据

［小靠垫］

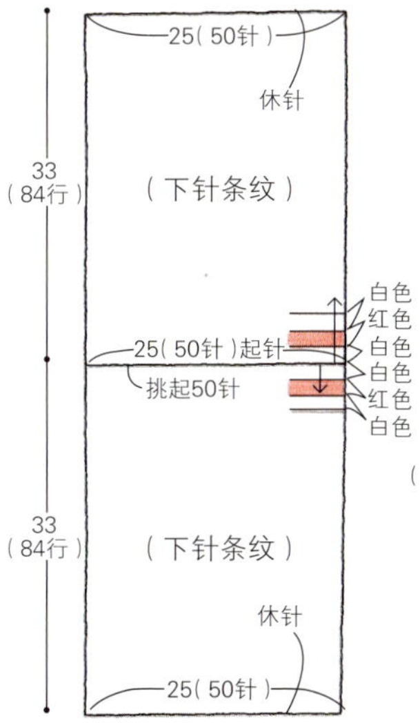

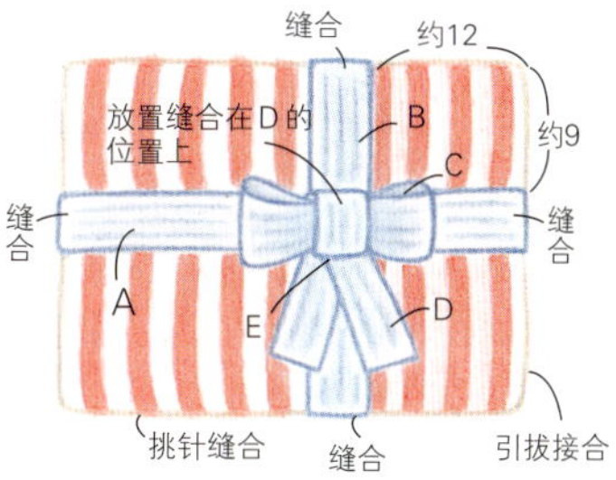

蝴蝶结（A～E，单罗纹针）蓝色 各1根

★编织终点以伏针收针

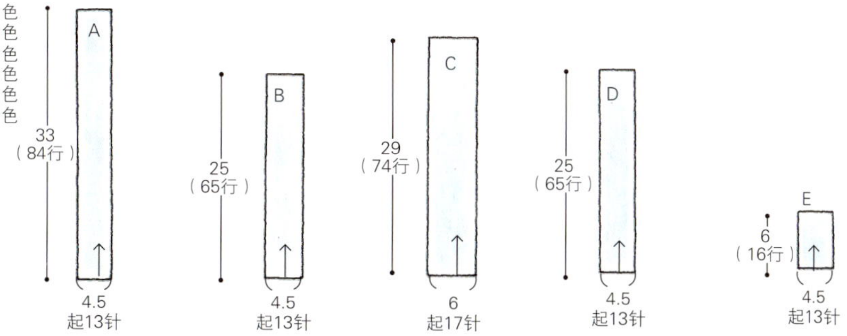

小花片装饰的圆形靠垫 (p.35)

· 材　料

毛线/RICHMORE线(粗)，靠垫套 粉色(67)75g，花朵 浅黄色(4)、茶色(9)、深蓝色(25)、深绿色(32)、薄荷色(35)、薰衣草色(53)、红色(73)、橙色(86)、玫瑰色(114)各5~10g

其他材料/直径30cm棉布内衬袋

针/5/0号钩针

编织密度

10cm×10cm面积内：编织花样26针，10行

· 编织方法

★取1根毛线，用5/0号钩针钩织。

1 用粉色毛线钩织靠垫套，如图所示，一边加针一边钩织，共钩织15行。用同样的方法钩织另1片。

2 将2片靠垫套正面相对做边缘编织。一边用第1行的短针将周围接合一边钩织，中途将内衬袋放入后接合剩余的开口，然后继续钩织第2行。

3 按照图示配色钩织花片，并将花片缝在靠垫套单面的中心和四周。

（花片）

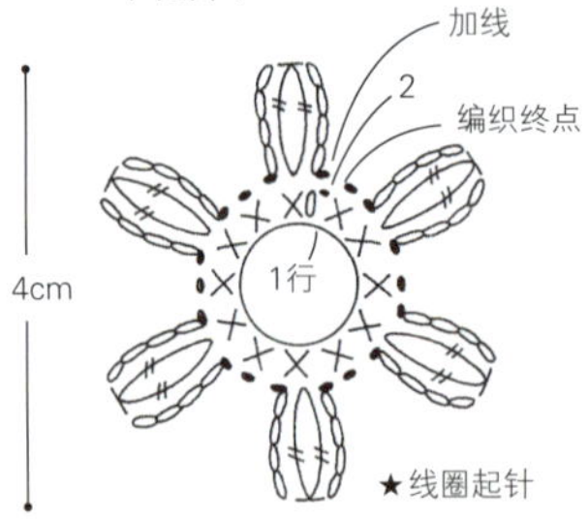

	1行	2行
A	浅黄色	茶色
B	浅黄色	玫瑰色
C	浅黄色	薰衣草色
D	浅黄色	薄荷色
E	浅黄色	红色
F	浅黄色	深绿色
G	浅黄色	橙色
H	浅黄色	深蓝色

★各2片

［靠垫］

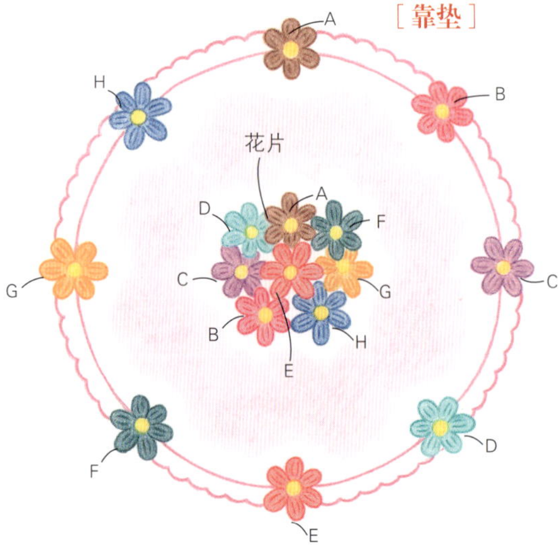

[编织符号图]

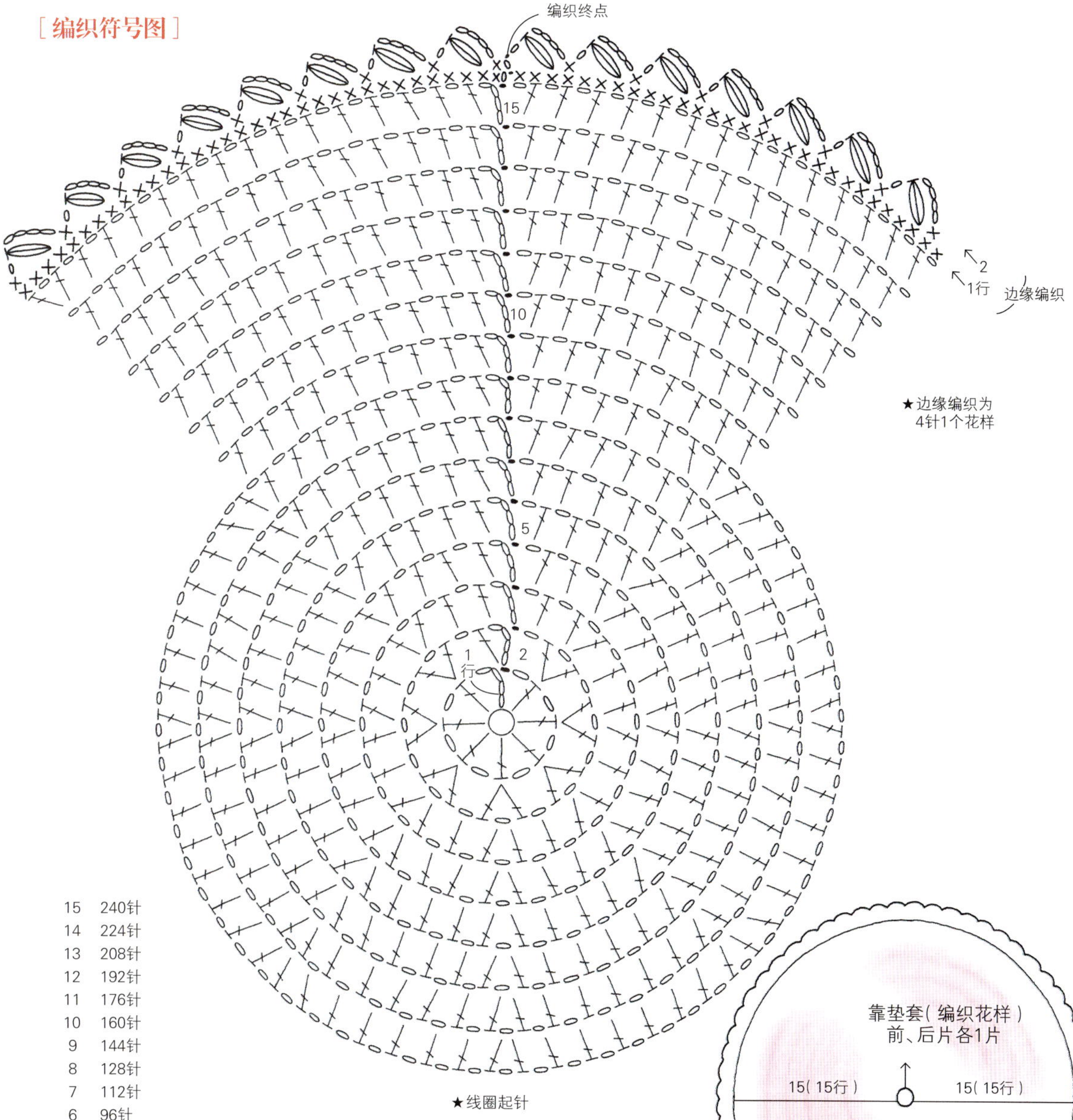

15	240针
14	224针
13	208针
12	192针
11	176针
10	160针
9	144针
8	128针
7	112针
6	96针
5	80针
4	64针
3	48针
2	32针
1行	16针

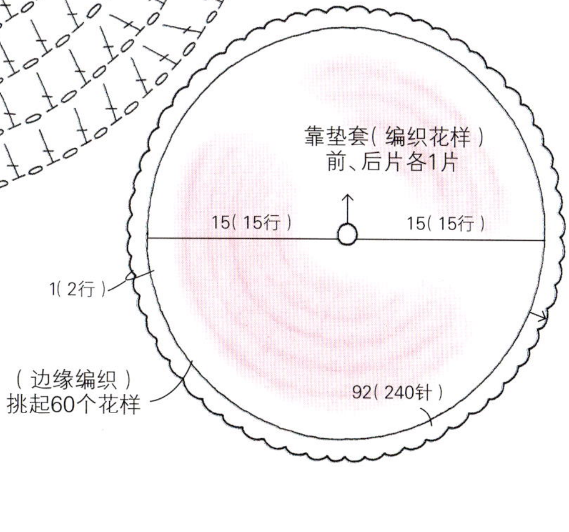

丁草花园毛毯 (p.39)

・材　料

毛线/HAMANAKA线（中细） 黑色（20）135g，浅粉色（4）、黄色（8）、黄绿色（9）、深粉色（22）、朱红色（26）各25g，灰白色（2）、橙色（7）、深蓝色（23）、卡其色（32）、灰色（33）各20g，粉色（5）、祖母绿色（12）各15g，红色（6）、绿色（10）、海蓝色（13）、砖红色（28）、酒红色（30）、紫色（31）各10g

★1个花片用量约为7g

针/4/0号钩针

编织密度

1个花片边长约为10cm

・编织方法

★取各色毛线1根，用4/0号钩针钩织。

1 按照图中的配色钩织72片花片。

2 钩织时为突出钩织完成的花片，用黑色毛线挑起顶部空隙的半针并用卷针缝连接。

3 在连接花片的周围用黑色毛线钩织3行边缘编织。

（花片的1、2行）

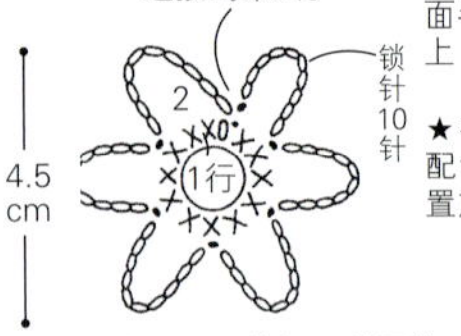

（花片的3~6行）

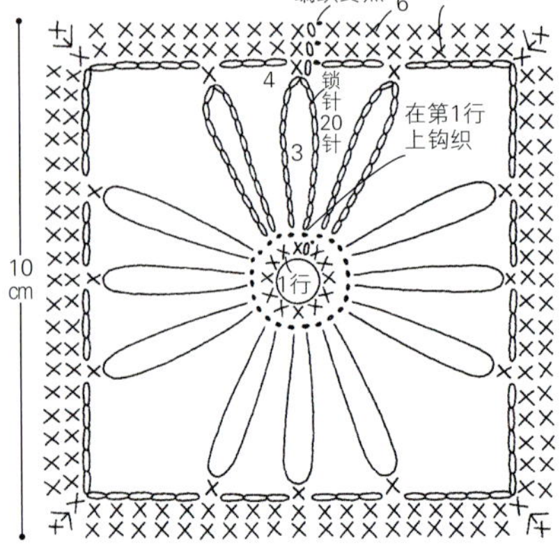

［花片的配色］

	1、2行	3行	4、5行	6行	片数
A	黄绿色	深粉色	黄绿色	黑色	7片
B	祖母绿色	橙色	祖母绿色	黑色	5片
C	粉色	红色	粉色	黑色	8片
D	黄色	黄绿色	黄色	黑色	5片
E	卡其色	灰白色	卡其色	黑色	5片
F	深粉色	浅粉色	深粉色	黑色	4片
G	朱红色	黄色	朱红色	黑色	6片
H	灰白色	海蓝色	灰白色	黑色	6片
I	浅粉色	灰色	浅粉色	黑色	5片
J	酒红色	深蓝色	酒红色	黑色	4片
K	灰色	紫色	灰色	黑色	7片
L	深蓝色	朱红色	深蓝色	黑色	5片
M	橙色	卡其色	橙色	黑色	3片
N	砖红色	绿色	砖红色	黑色	2片

[花片的边缘编织]

编织终点
3针1个花样
卷针缝连接此处的半针
1行 2 3
边缘编织

[毛毯]

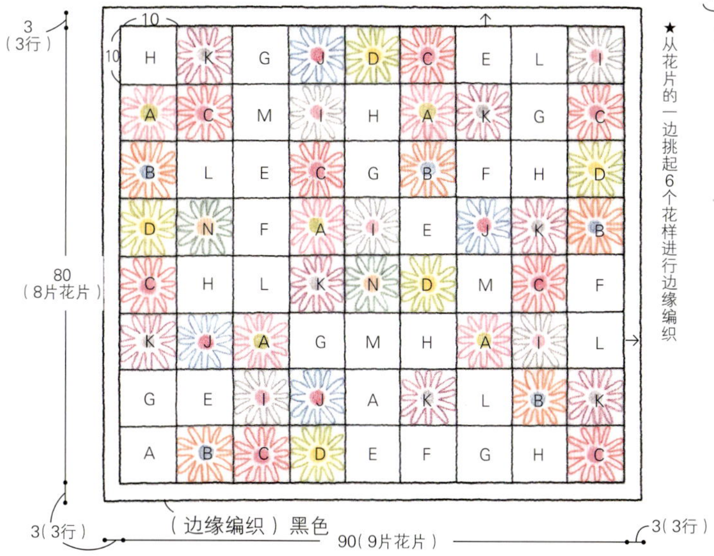
3（3行）
10
10
80（8片花片）
3（3行）
（边缘编织）黑色
90（9片花片）
3（3行）
★从花片的一边挑起6个花样进行边缘编织
H K G J D C E L I
A C M I H A K G C
B L E C G B F H D
D N F A I E J K B
C H L K N D M C F
K J A G M H A I L
G E I J A K L B K
A B C D E F G H C

绽放的玫瑰茶壶保温罩 (p.40)

· 材　料

毛线/保温罩主体　DARUMA手工编织毛线（中粗）粉色（56）30g，迷你玫瑰　HAMANAKA线（中细）红色（6）、橙色（7）、黄色（8）、黄绿色（9）、浅蓝色（12）、深粉色（22）、紫色（31）各5g，叶子　花朵　RICHMORE线（中细）绿色（12）少许

针/7号棒针4根，4/0号钩针

编织密度

10cm×10cm面积为：编织花样20针，26行

★作品中所使用的茶壶高约为13cm

· 编织方法

★取1根毛线，用7号棒针编织保温罩主体，用4/0号钩针钩织迷你玫瑰、叶子。

1 用棒针起64针编织主体，将起针连成环状做编织花样，环形编织5行，在接下来一行的边侧各减1针，编织开口处。

2 前后片往返编织26行，在第28行的边侧各增加1针并将其编织为环形。如图所示，逐次减针并编织到顶端，毛线穿过留下的针目并收紧毛线。

3 用7色毛线钩织迷你玫瑰，钩织方法与71页的发卡迷你玫瑰一样，织好后卷起来并如图所示缝合叶子。

4 在主体的顶端将几朵迷你玫瑰摆放成圆形。

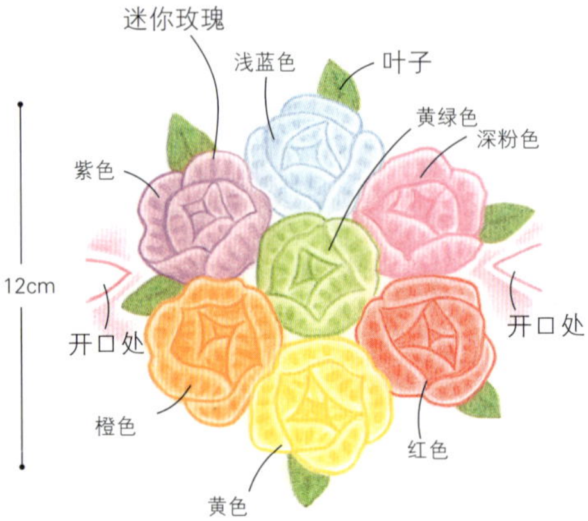

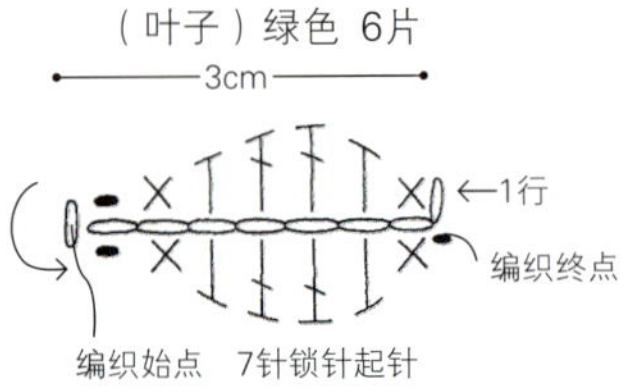

［主体］

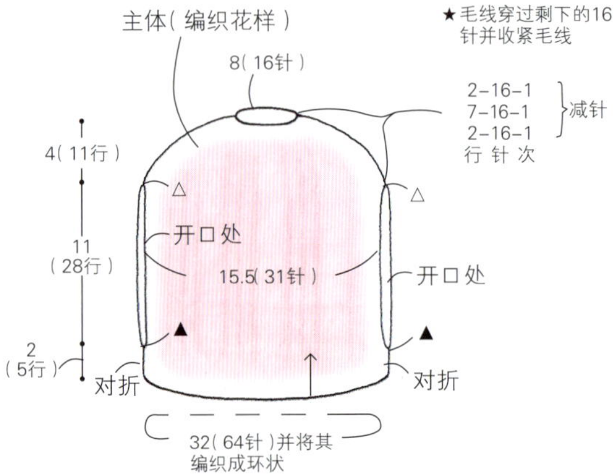

▲在开口处的第1行做1针减针　△在第28行做1针加针

［编织符号图］

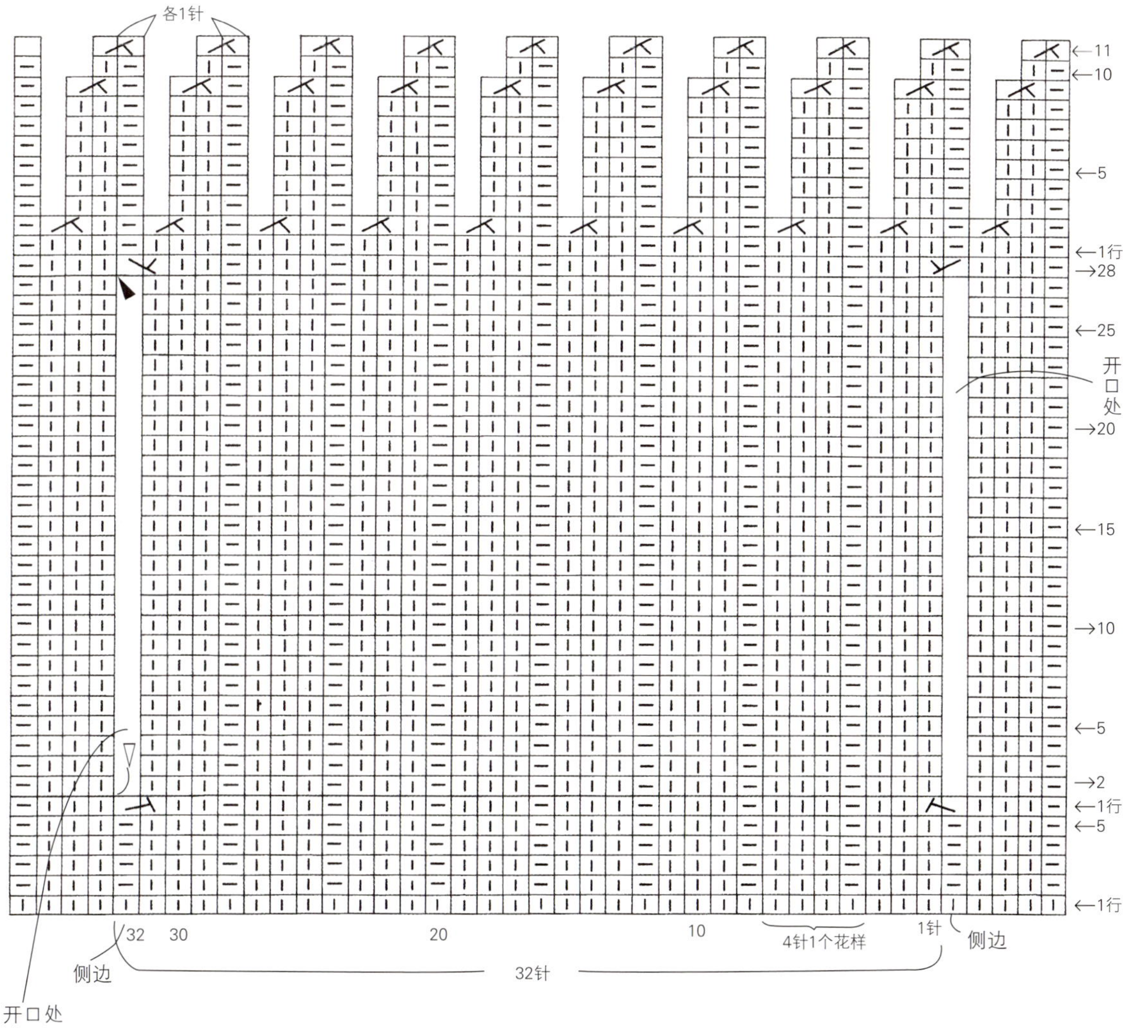

| = 下针　— = 上针　⋋ = 右上2针并1针　⋌ = 左上2针并1针　⋎ = 右加针　⋎ = 左加针

▽ = 加线　▼ = 剪线

超炫的蛋杯保温套 (p.43)

· 材　料

★保温套主体PUPPY线（粗），毛绒球、D～F的迷你刺绣花样ANCHOR TAPPISERIE WOOL（粗刺绣线，1束约5g），A～C迷你刺绣花样

毛线/（A）/玫瑰色（974）、嫩草色（935）各10～15g，刺绣花样 蓝色（8804）、天蓝色（8806）、浅薄荷色（8912）、绿色（9118）各少许

（B）/金黄色（934）、祖母绿色（957）各10～15g，刺绣花样 绿色（9118）、红色（8200）、粉色（8432）、深粉色（8454）各少许

（C）/粉色（938）、天蓝色（962）各10～15g，刺绣花样 黄色（8094）、红色（8200）、深粉色（8454）、绿色（9118）各少许

（D）/嫩草色（935）、粉色（938）各10～15g

（E）/天蓝色（962）、白色（869）各10～15g

（F）/白色（869）、玫瑰色（974）各10～15g

针/4/0号钩针，毛线缝针

编织密度

10cm×10cm面积内：长针25针，12行

· 编织方法

★蛋杯保温套主体和边缘取1根线，用4/0号钩针钩织得稍微紧一些，刺绣时用1根毛线和毛线缝针进行刺绣。

1 6种蛋杯保温套的编织方法是一样的。线圈起针钩织主体，边钩织长针边加针，用同色毛线做边缘编织。

2 如图所示，逐个进行蛋杯保温套的花样刺绣。

3 做毛绒球，并将毛绒球固定在蛋杯保温套的编织始点。

[蛋杯保温套]

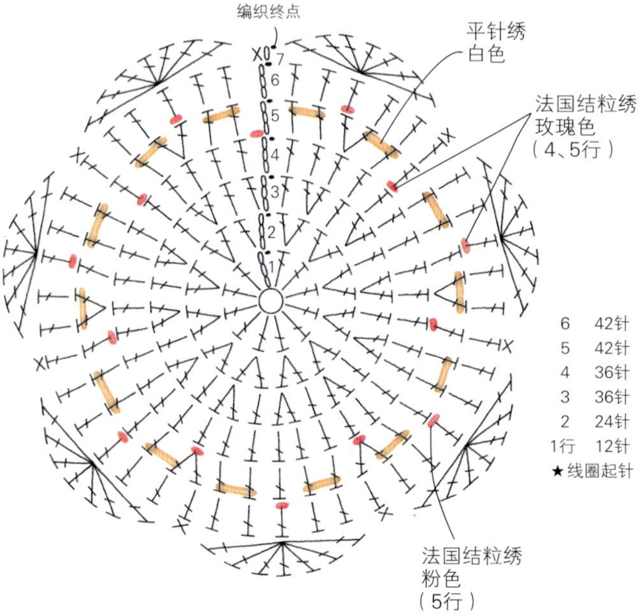

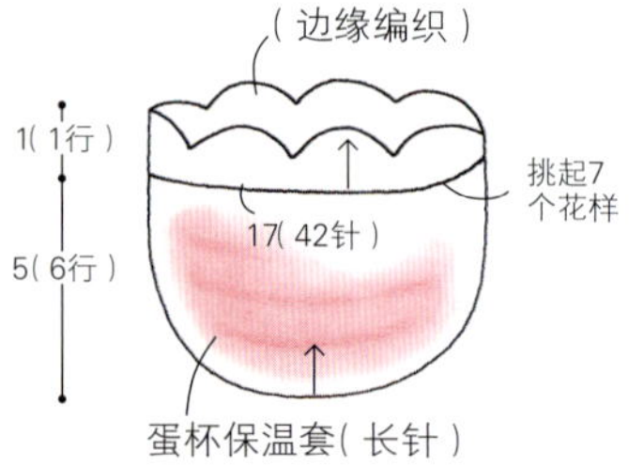

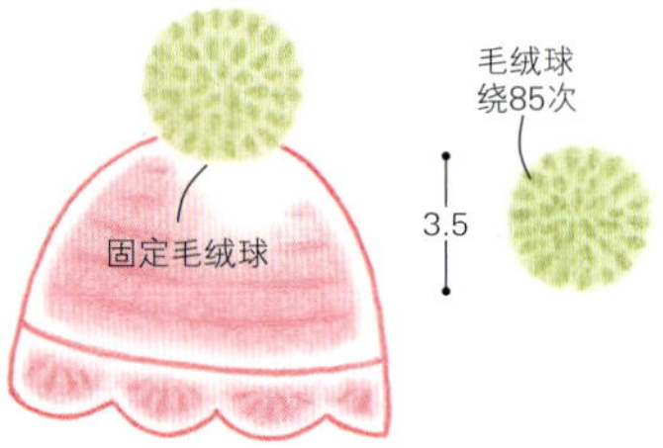

[A]

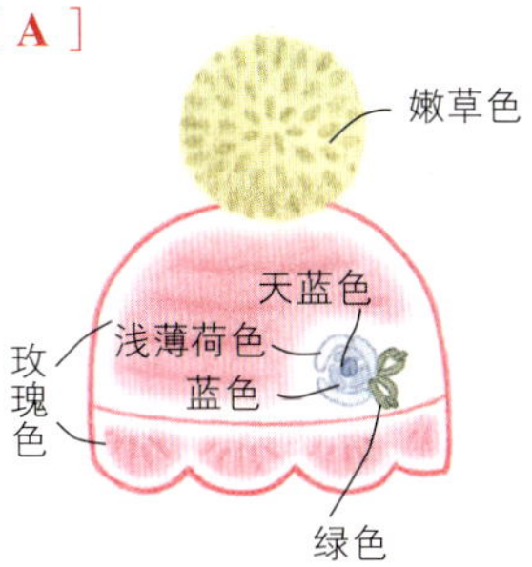

[B]

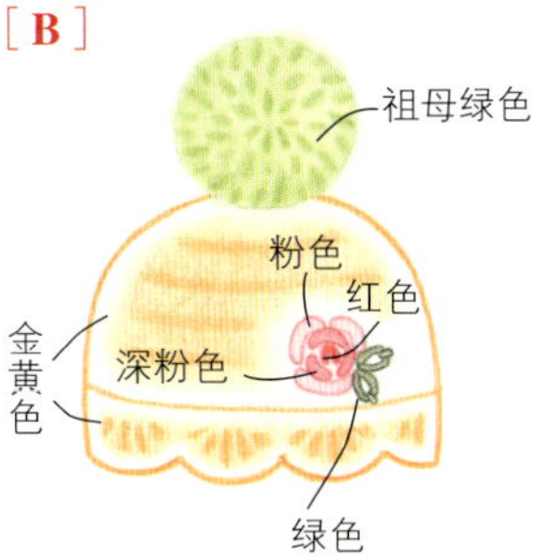

[C]

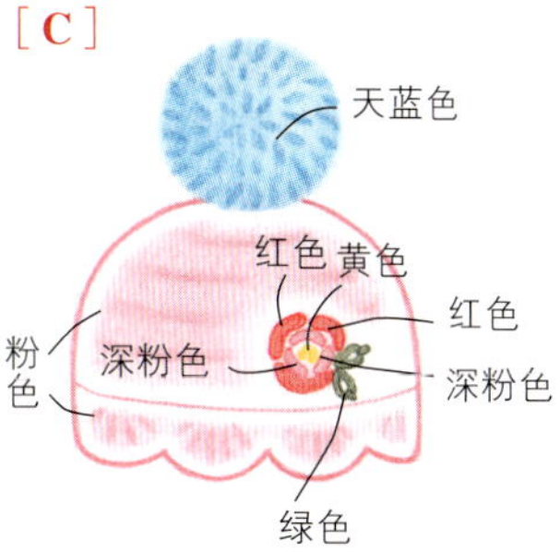

[D]

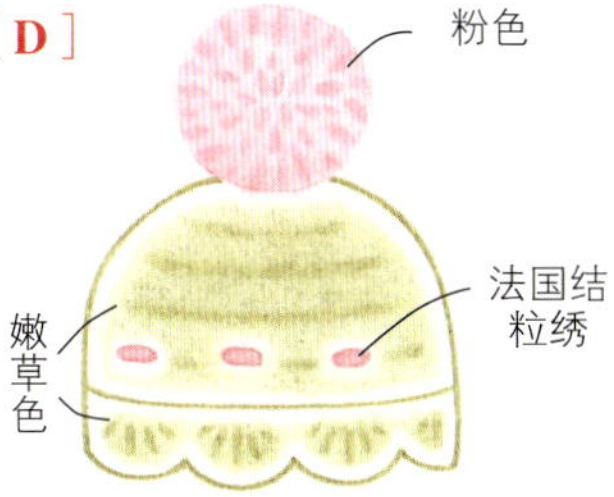

[E]

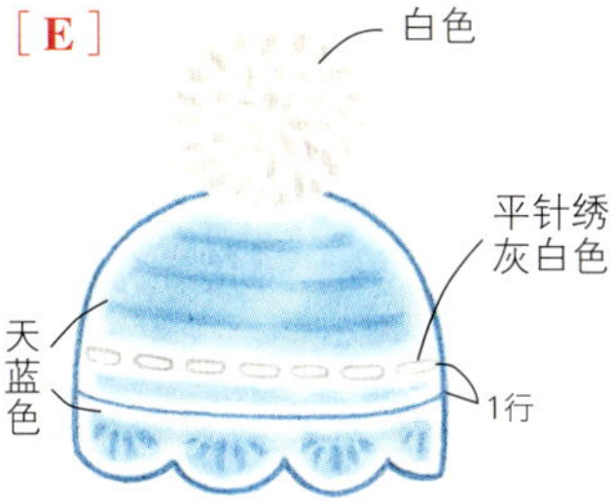

[F]

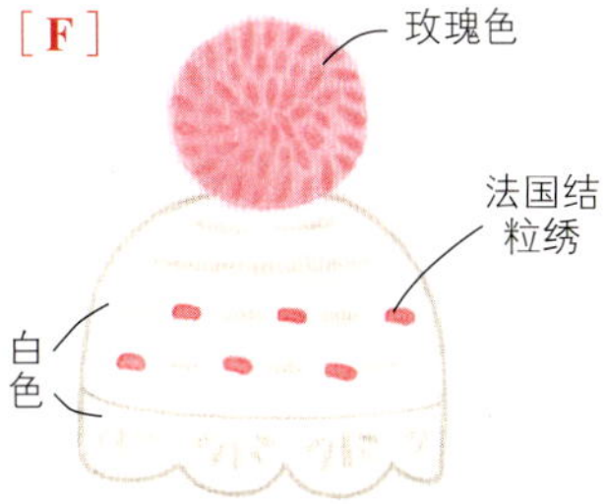

[玫瑰实物大刺绣图案]

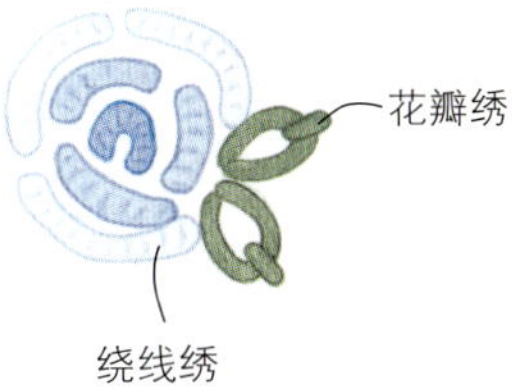

[绕线绣]

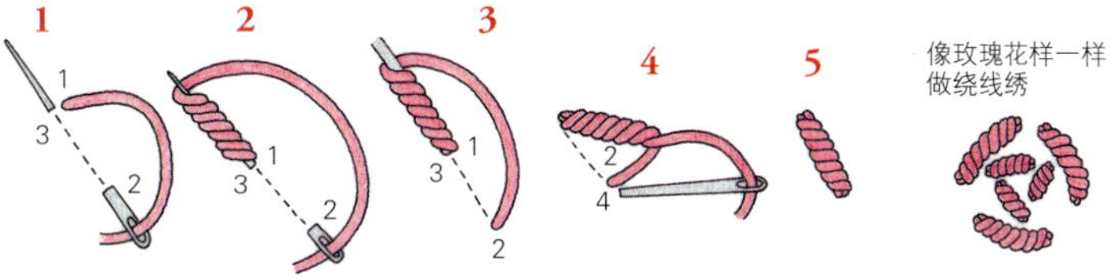

[花瓣绣]

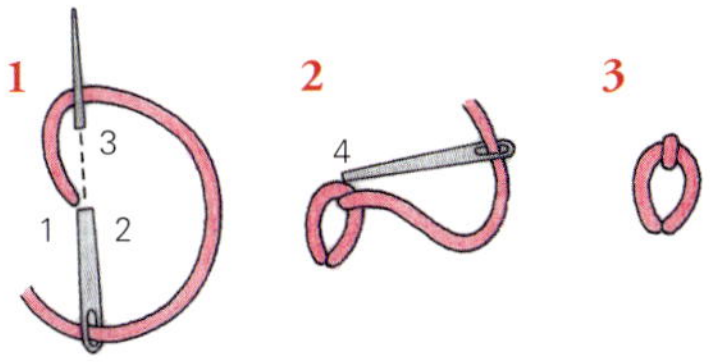

[法国结粒绣]

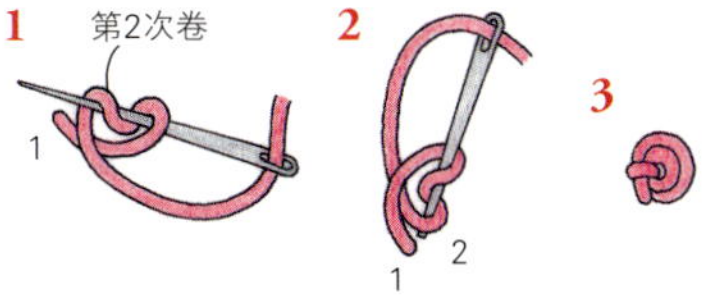

[平针绣]

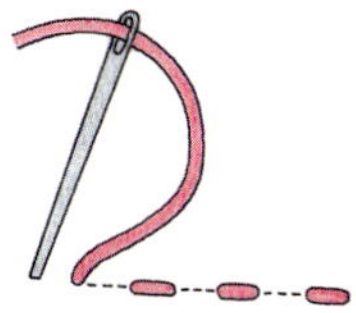

芍药花椅垫 (p.46)

・材　料

毛线/MUNSELL MERINO KING线（极粗）浅粉色（2003）70g，绿色（2019）40g
ANCHOR TAPPISERIE WOOL（中粗绣线、1束约5g）深玫瑰色（8456）少许

针/7/0号、5/0号钩针

编织密度

六边形花片从上边到下边长为8cm（一边长为4cm）

・编织方法

★用7/0号钩针和MUNSELL MERINO KING线钩织主体底座、花朵和框架，用5/0号钩针和ANCHOR TAPPISERIE WOOL线钩织花蕊。

1 先钩织1~4行的底座。线圈起针，第1行钩织短针，第2行开始不钩织立起的锁针，呈旋涡状钩织短针的条纹针（从前一行锁针的后侧挑针钩织）进行加针。4行图中所示形状的钩织针目共计48针。

2 将花朵织在48针的旋涡状底座上。在钩织条纹针后剩余的前侧半针的针目上，从底座中心开始钩织。没有钩织条纹针的底座外围，钩织在前一行针目的前侧。

3 底座和花朵织好后，在花朵周围织上边框。花朵倒向中心，从底座6处针目后侧挑针，钩织短针和锁针的第5行，然后钩织第6行。

4 将7朵花朵排列成六边形，边框周围卷针缝缝合。

5 周围做边缘编织，各花朵中心连接上红色花蕊。

［底座与花朵］

（底座）浅粉色　7朵
7/0号针

行	针数		
4	6针	短针的条纹针	合计48针
3	24针		
2	12针		
1行	6针	短针	

★线圈起针

V ＝ 1针放2针短针的条纹针

（花蕊）
深玫瑰色　7片　5/0号针

★编织始点、编织终点要预留出10cm左右的毛线

（花瓣）浅粉色　7片　7/0号针

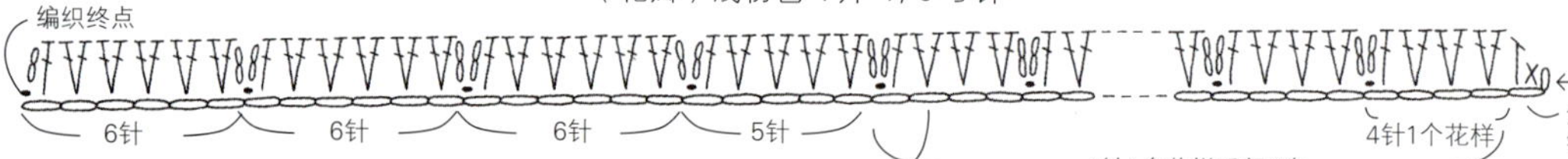

★从底座中心开始钩织在条纹针所剩余的针目上。
外围的行也钩织在前侧的半针上。

[边缘编织]

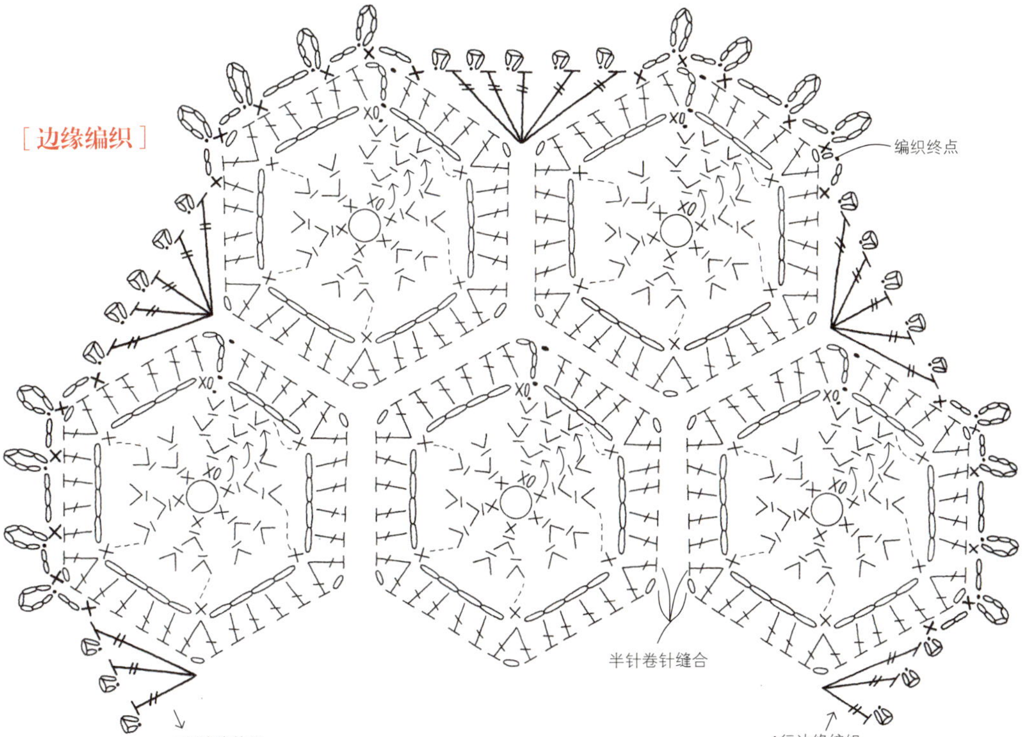

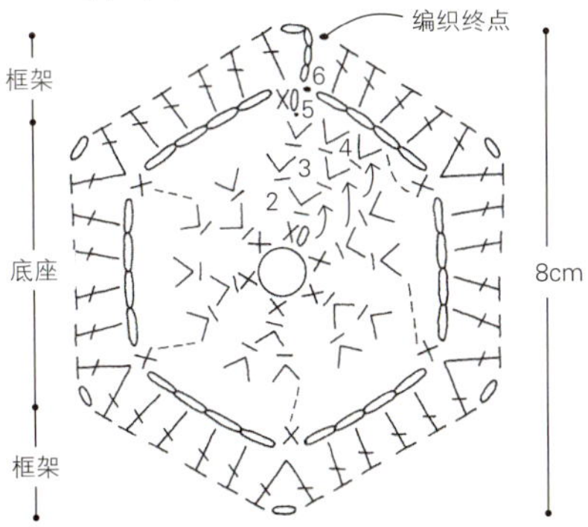

★挑起底座第4行缝隙顶部相对一侧的半针，编织框架的第5行。

[椅子垫]

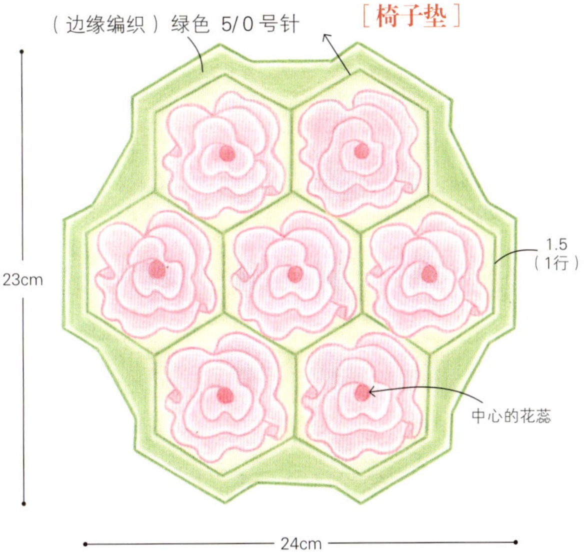

罂粟花室内鞋 (p.44)

· 材 料

毛线/RICHMORE（粗）红色（73）80g，（细）薰衣草色（318）少许，用来钩织室内鞋。ANCHOR TAPPISERIE WOOL（中粗绣线、1束约5g）深玫瑰色（8456）2束，深粉色（8452）、粉色（8432）、黄色（8094）、绿色（9118）各1束

其他材料/和麻纳卡室内鞋专用毛毡鞋底长23cm（H 204－594）1组，印花布和厚底双面厚绒衬长20cm、宽25cm

针/6/0号、4/0号钩针

编织密度

10cm×10cm面积内：编织花样约15针，10行

· 编织方法

★花朵的编织方法和缝合方法见92页。

★取红色毛线3根，6/0号钩针钩织室内鞋的编织花样，取（细）薰衣草色线用4/0号钩针钩织鞋口处的短针，取TAPPISERIE WOOL线用4/0号钩针钩织主体花朵和叶子。

1 钩织开始时，要先制作鞋底的厚纸板，将毛毡鞋底放在纸板上面描线，并预留出0.5cm的缝份，剪裁。

2 在毛毡鞋底周围边侧做70个孔进行短针钩织。从鞋后跟开始，继续钩织1～6行，并将其钩织成环形，钩织到7～8行时只在鞋面上加线并往同一个方向进行钩织。

3 更换毛线和针，可以将鞋口处钩织得更紧一些，整理形状，两只鞋的尺寸大小及形状要保持一致。

4 钩织花朵和叶子，并将花朵和叶子固定在鞋面上。

5 制作鞋底。铺好印花布和厚底双面厚绒衬，在上面放好厚纸板并剪去多余的部分。在周围压线，并用锁边缝进行缝合，最后将制作完成的鞋底放入鞋子里面。

［鞋底］

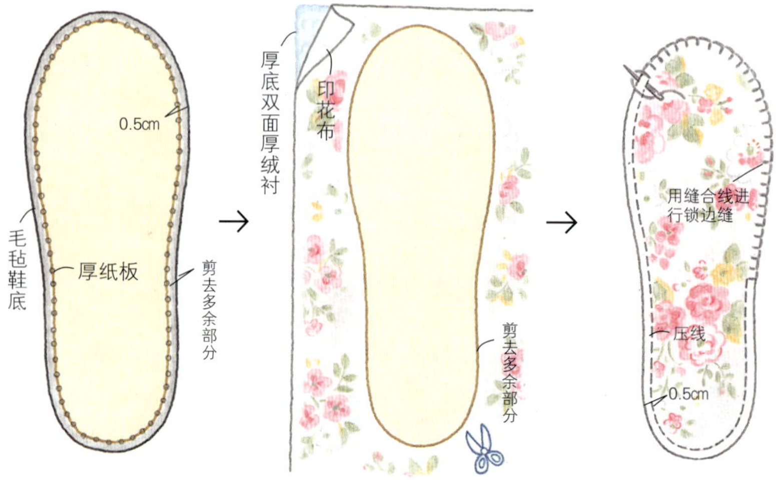

［锁边缝］

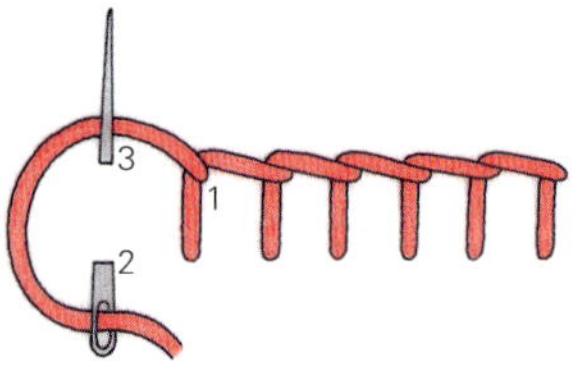

[编织符号图]

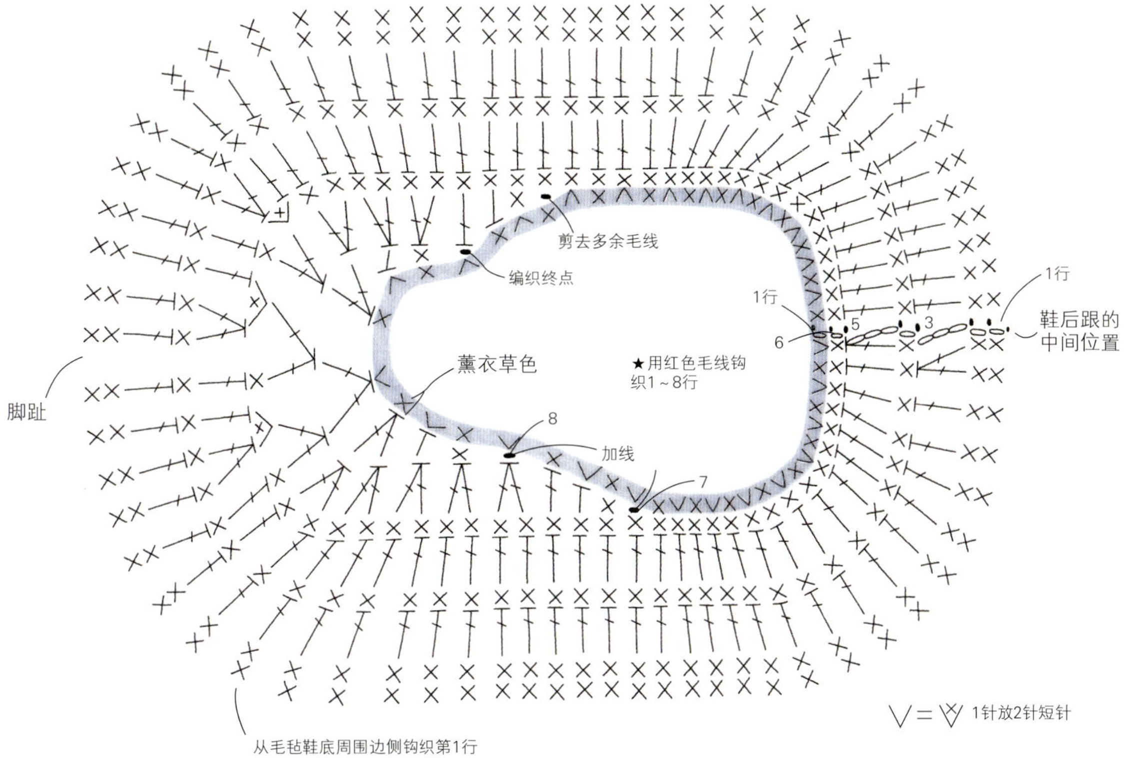
剪去多余毛线
编织终点
1行
1行
5
3
6
鞋后跟的
中间位置
薰衣草色
★用红色毛线钩
织1～8行
脚趾
8
加线
7
1针放2针短针
从毛毡鞋底周围边侧钩织第1行

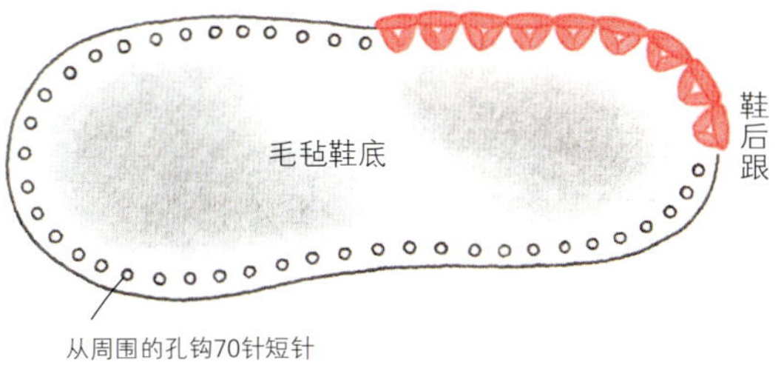
毛毡鞋底
鞋
后
跟
从周围的孔钩70针短针

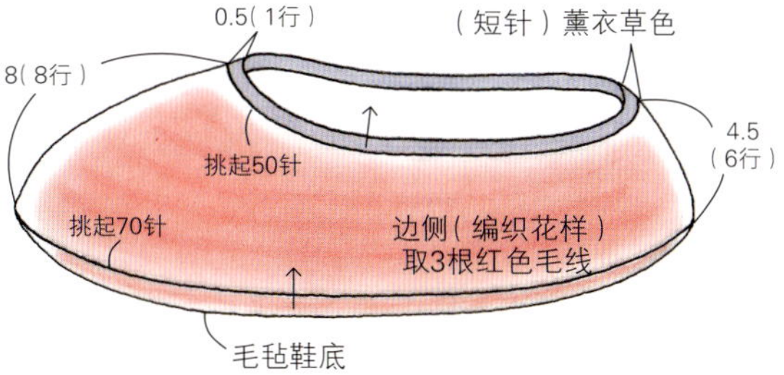
0.5（1行）
（短针）薰衣草色
8（8行）
4.5
（6行）
挑起50针
挑起70针
边侧（编织花样）
取3根红色毛线
毛毡鞋底

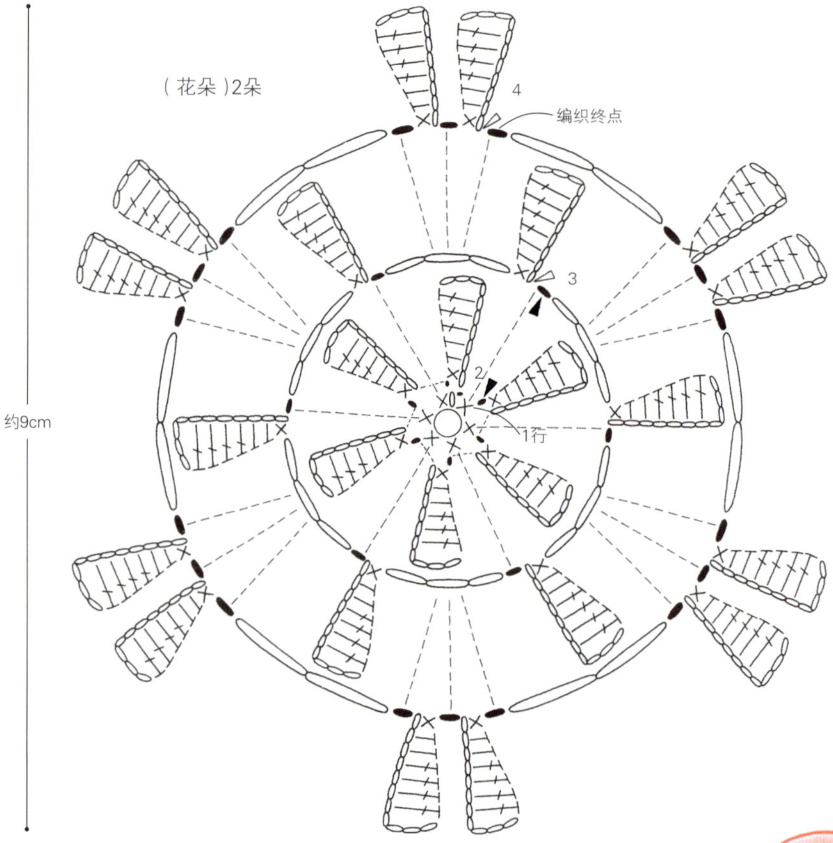

▽ = 加线

▼ = 剪线

4	深玫瑰色
3	深粉色
2 1行	粉色

★线圈起针

[室内鞋]

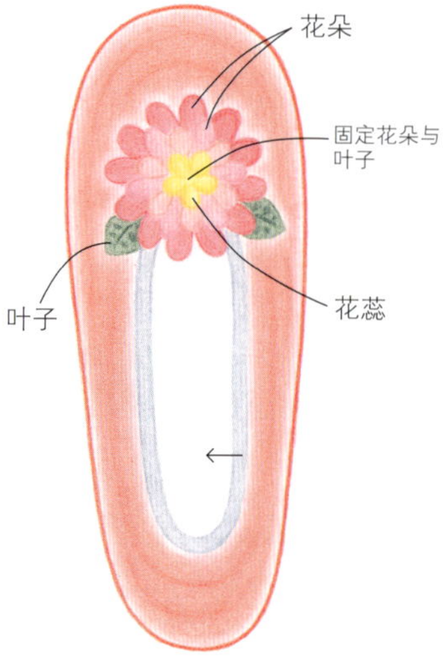

（花蕊）黄色 2朵

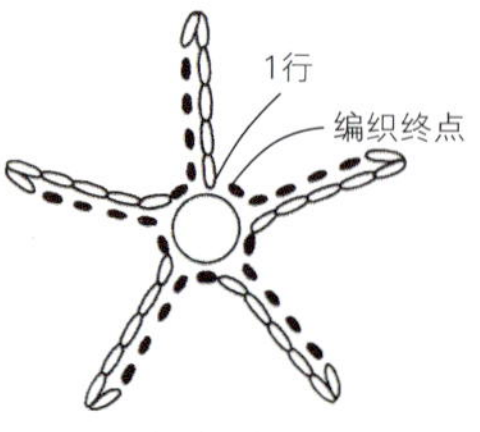

（叶子）绿色 4片

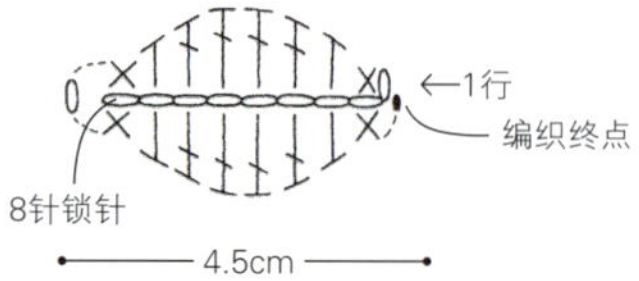

棒针编织的编织记号与编织方法

下针

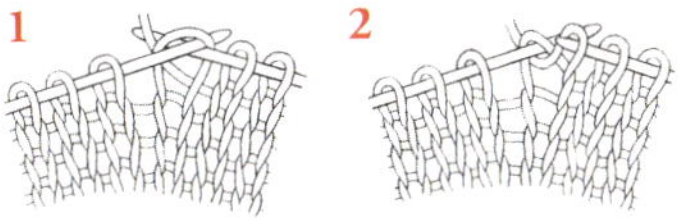

上针

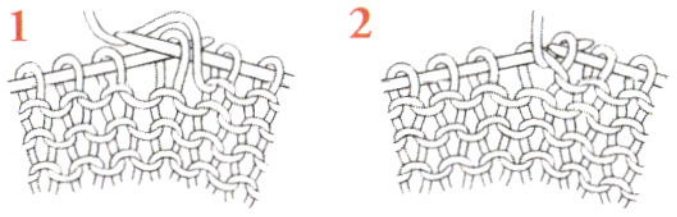

滑针

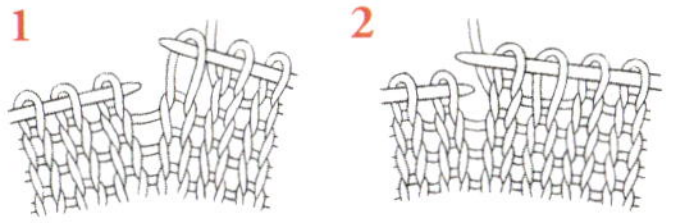

挂针

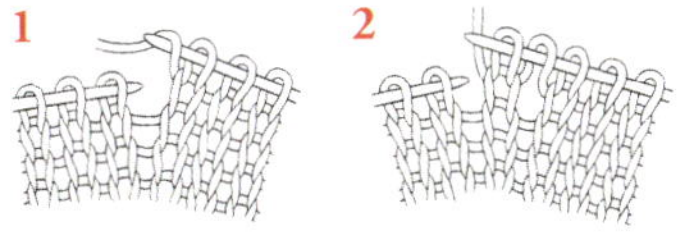

右加针

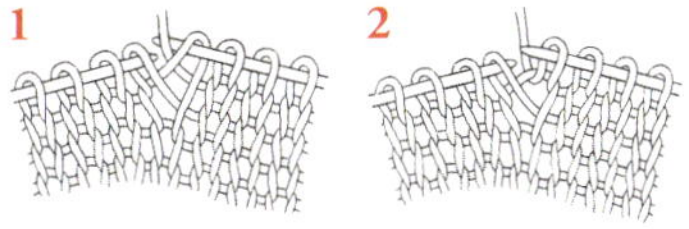

左加针

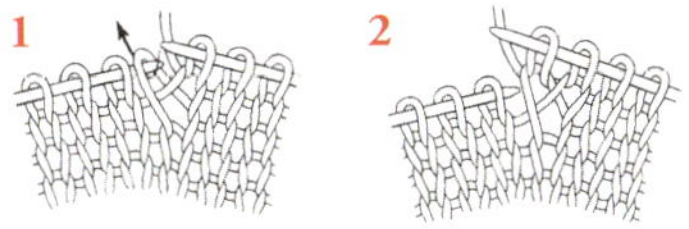

右上2针并1针

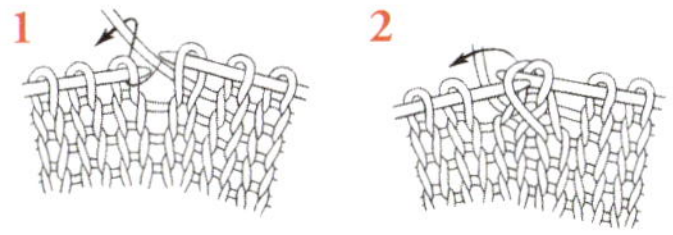

左上2针并1针

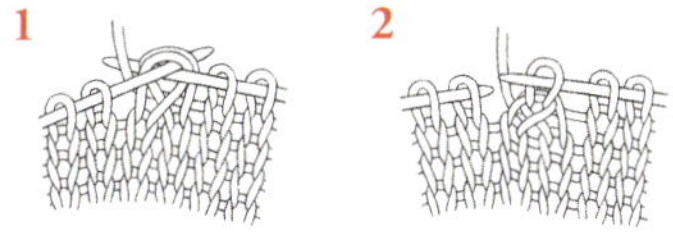

钩针编织的编织记号与编织方法

锁针

引拔针

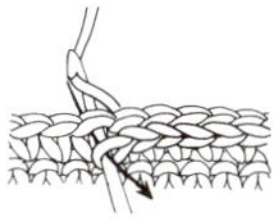

短针

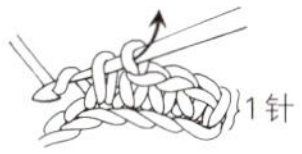

中长针

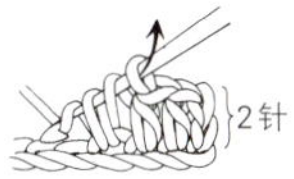

长针

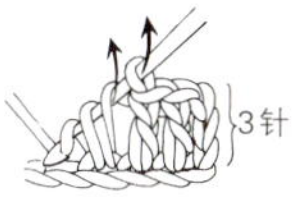

长长针

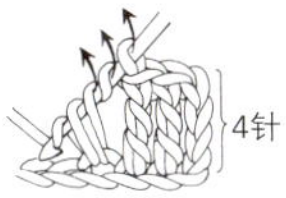

2针并1针（中长针）

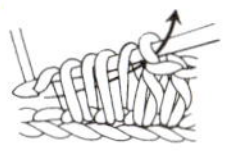

3针并1针（长针）

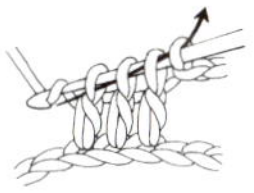

枣形针（3针长针）

反拉针
（中长针）

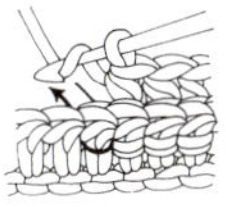

反短针

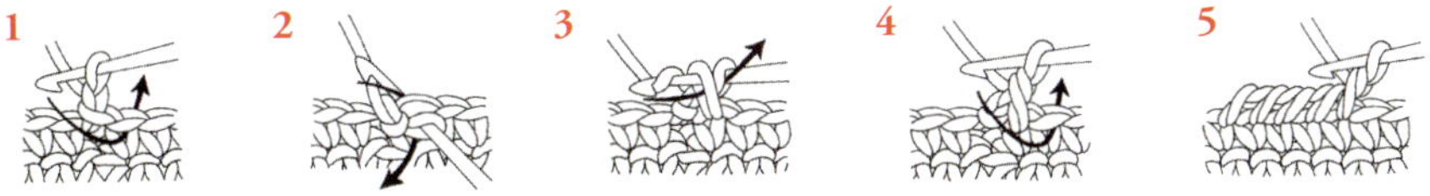

短针的条纹针

钩针插入前一行短针顶部外侧的半针中，钩织短针。

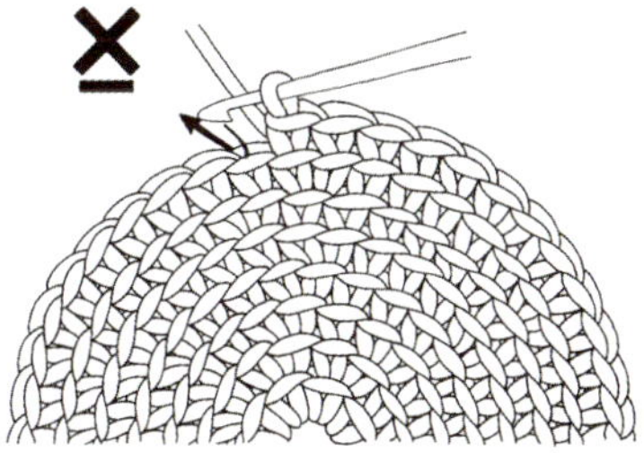

棒针编织的基础

起针

手指起针

在毛线一端预留出需要长度的3.5倍，做线圈开始进行编织，图中所示为编好1行的样子。

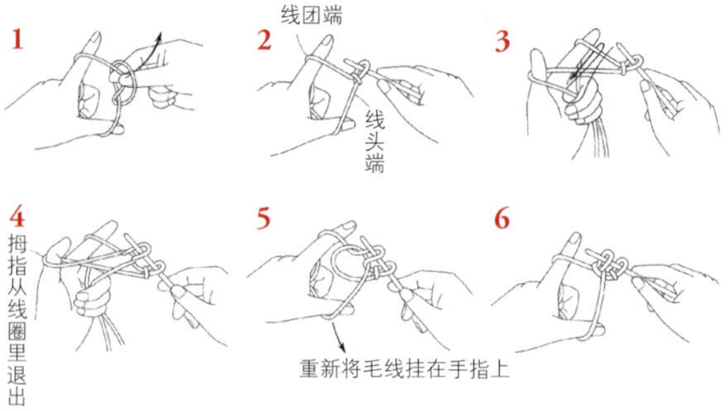

另线起针

一边用另线挑取锁针的里山一边编织，然后解开锁针，向反方向编织时使用。

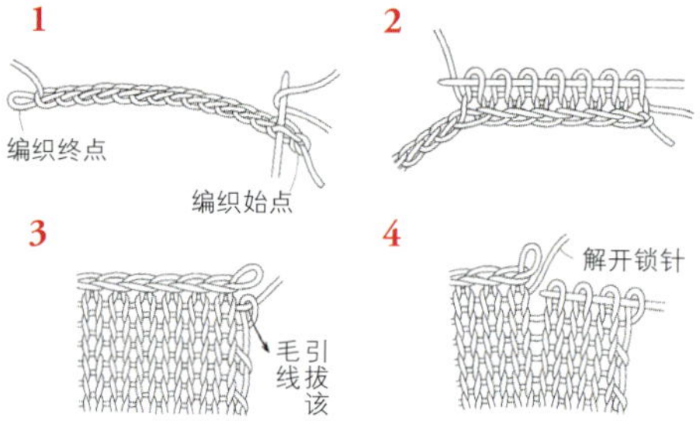

缝合方法

引拔接合

（两端都为休针时）

将织物对齐，用钩针从手前方一次性引拔挂在棒针上的针目。

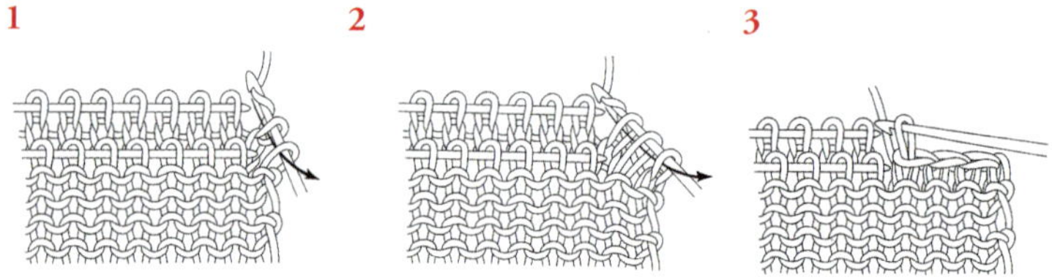

收针方法

单罗纹针收针

（环形编织时）

用于收针的线头是织片长度的3倍。

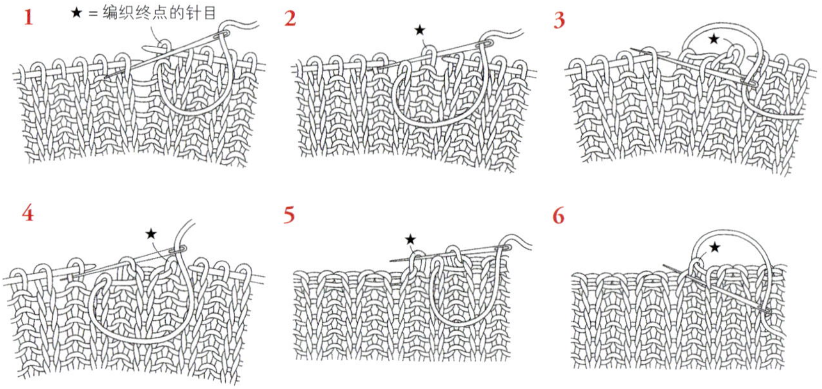

伏针收针

编织终点或减少2针以上的针时要用伏针收针。由于伏针收针没有伸缩性，所以织物会失去弹性。

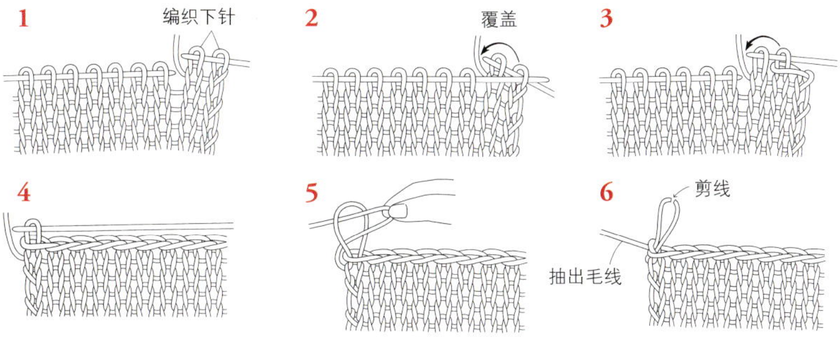

钩针编织基础

线圈起针

将毛线绕在手指上，绕二圈，把毛线放入线圈内。在此圈里钩织短针，最后收紧线圈。

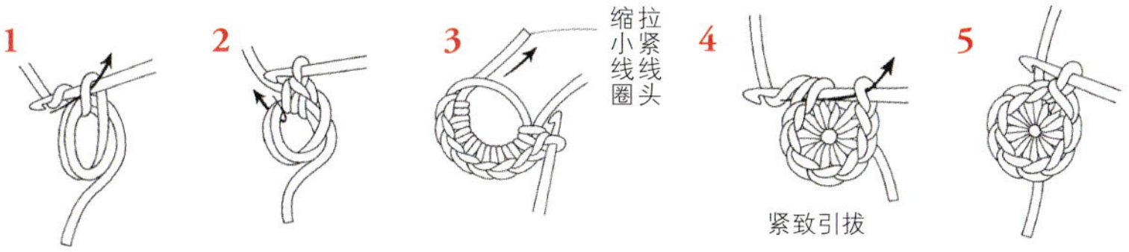

减针、加针

2针短针并1针

从前行的1针内一次性引拔还未完成的2针短针，减少1针。

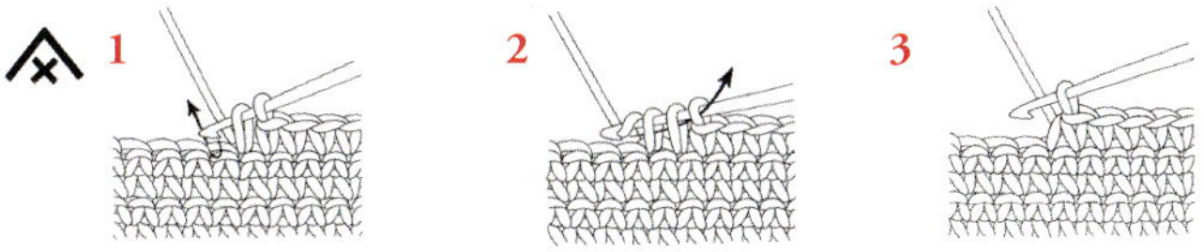

1针放2针短针

在前行的1针内做1针短针钩织，之后再钩织1针短针。

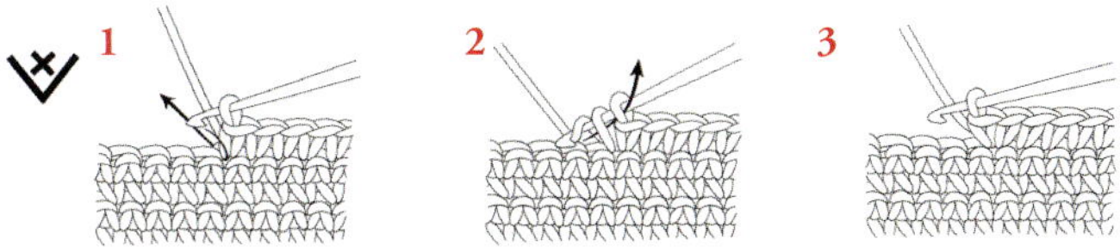

花片的连接方法

卷针缝

对齐花片的钩织终点，每次用毛线缝针挑起半针锁针做卷针缝。

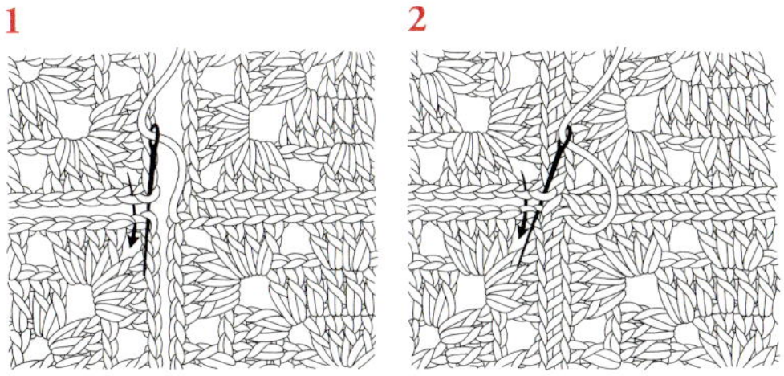

引拔接合

钩织第1片花片，从第2片花片开始，钩织最终行时，从上侧入针，将锁针改为引拔锁针使其连接在一起。

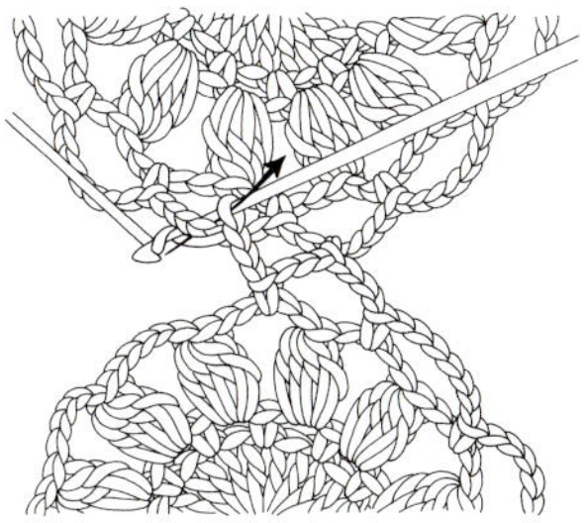

Karafura Iro No Kawaii Teami Komono

Originally published in Japan in 2013 by SHUFUNOTOMO CO.,LTD
Chinese(Simplified Character only) translation rights arranged through
TOHAN CORPORATION, TOKYO.

备案号：豫著许可备字-2015-A-00000013

图书在版编目(CIP)数据

色彩缤纷的可爱手编小物 / (日) 了戒加寿子著，王慧译.—郑州：河南科学技术出版社，2016.1

ISBN 978-7-5349-7924-8

Ⅰ.①色… Ⅱ.①了… ②王… Ⅲ.①钩针—编织—图集 Ⅳ.①TS935.521-64

中国版本图书馆CIP数据核字（2015）第219027号

了戒加寿子

日本著名设计师。常年从事设计与杂志连载设计工作。年开始主办手作教室“Kee Touch”。其中“为爱犬制作服装”的课程十分受欢迎，在学校等地方举办过手作狗狗服讲座。著有《零线头钩织的美色小物》《玩美钩针—色彩绚编织小物》《玩美钩针——幸满的编织小物》（河南科学技版社）、《了戒加寿子的多彩编织小物》等，著作颇丰。

摄影 / 蜂巢文香

出版发行：河南科学技术出版社
地址：郑州市经五路66号　　邮编：450002
电话：（0371）65737028　　65788613
网址：www.hnstp.cn
策划编辑：刘　欣
责任编辑：刘　欣
责任校对：张小玲
封面设计：张　伟
责任印制：张艳芳
印　　刷：北京盛通印刷股份有限公司
经　　销：全国新华书店
幅面尺寸：190 mm × 240 mm　　印张：6　　字数：120千字
版　　次：2016年1月第1版　　2016年1月第1次印刷
定　　价：36.00元